U0217165

绅士衬衫 下

衬衫定制纸样设计
与自动制板系统

Tailored Shirt Pattern Design
and Automatic Pattern Making System

刘瑞璞

李 静 著

胡长鹏

中国纺织出版社

内 容 提 要

本书为男士衬衫定制纸样设计及其计算机制板系统的专业书籍，以TPO知识系统（着装国际规则）为依据介绍定制衬衫纸样设计规律和方法，并成功研制专家知识自动制板系统，配备该系统安装操作光盘。

本书内容包括：衬衫定制纸样设计的手工打板和计算机操作系统、"标配"专家知识、衬衫纸样自动生成系统检验及调整、款式部件纸样设计等。在附录中，还提供了相关案例、板型汇总、衬衫个性化定制纸样自动生成系统的安装及操作手册。

本书适合服装设计相关专业的师生、品牌衬衫设计、制板、工艺技术从业人员、研发人员以及爱好者学习使用。

图书在版编目（CIP）数据

绅士衬衫. 下，衬衫定制纸样设计与自动制板系统／刘瑞璞，李静，胡长鹏著. --北京：中国纺织出版社，2017.1

ISBN 978-7-5180-2828-3

Ⅰ. ①绅… Ⅱ. ①刘… ②李… ③胡… Ⅲ. ①男服－衬衣－服装设计 Ⅳ. ①TS941.718

中国版本图书馆 CIP 数据核字（2016）第 181650 号

策划编辑：李春奕　　责任编辑：魏　萌　　责任校对：寇晨晨
责任设计：何　建　　责任印制：王艳丽

中国纺织出版社出版发行
地址：北京市朝阳区百子湾东里A407号楼　邮政编码：100124
销售电话：010—67004422　传真：010—87155801
http：//www.c-textilep.com
E-mail：faxing@c-textilep.com
中国纺织出版社天猫旗舰店
官方微博http：//weibo.com/2119887771
北京华联印刷有限公司印刷　各地新华书店经销
2017年1月第1版第1次印刷
开本：710×1000　1/16　印张：8
字数：97千字　定价：39.80元（附光盘1张）

凡购本书，如有缺页、倒页、脱页，由本社图书营销中心调换

序

衬衫个性化定制纸样自动生成系统是在第一代衬衫 PDS（PATTERN DESIGN SYSTEM 的简称即纸样设计系统）系统的研究成果基础上，进行的企业化、个性化、国际化的跟进研究成果。随着全球数字化技术的快速发展和服装定制市场的蓬勃兴起，服装纸样设计自动生成系统既是服装纸样 CAD 技术的前沿，也是服装个性定制企业未来发展所需的必要技术，这也是数字化时代对"服装定制"业的必然要求和趋势。

衬衫的板型专家知识是该系统研发的核心技术，比例、平衡和常量控制是其参数化设计的基本原则，"多米诺律"思想是整个自动生成数字化系统建立的核心思想。本系统以 AutoCAD 2010 为软件平台，以 Visual LISP 和 Open DCL 为开发工具，以款式设计、尺寸输入和板型设计三大功能模块为基本框架，通过衬衫专家知识的"关系式机制"实现衬衫的个性化定制纸样专家知识与计算机系统更好地对接。该系统的特点和优势在于：第一，在款式设计模块中成功地导入了完备的衬衫 TPO 知识系统，使衬衫的款式变化更加符合国际化、市场化品牌开发规律和企业化产品设计规则；第二，在系统操作界面设计上具有更强的逻辑性与可控性，无论是专业化衬衫企业还是普通大众客户，本系统都能够提供更加专业、便捷、智能可靠的操作系统；第三，在纸样的专家知识部分对核心理论和技术进行了优化，使自动生成的衬衫纸样更加符合市场要求，以及为衬衫定制标准的个性化结构和国际化社交规范的造型设计，建立了 TPO 知识系统与制板技术紧密结合的数字化平台。

通过一系列的实验证明以及成品效果评价，由于衬衫专家知识成为核心技术并指导纸样设计的全过程，无论是手工制板，还是本系统自动制板均达到了衬衫定制品牌的标准，且快捷、准确和便于"客服板型管理"。这证明该系统符合国际衬衫定制品牌的行业规范以及国际衬衫高端市场的要求，使得 PDS 系统在定制衬衫领域有了突破性进展，和第三代西装定制 PDS 系统（已成为技术发明专利成果）共同构成了完整的绅士服定制纸样自动生成系统，成为衬衫纸样设计个性定制和网上定制项目开发的利器。

2016.1.2

目 录

第1章 绪 论

1.1 纸样设计系统与衬衫定制纸样设计系统

随着科技的发展，三围人体扫描、智能制板、虚拟试衣可视技术和 3D 打印试衣调整等技术的进一步发展，使服装定制数字化更成为未来服装发展的方向。在智能制板方面，服装 CAD 技术应用的普及和发展，为定制服装的纸样设计操作系统数字化提供了技术支持，然而，目前服装纸样设计系统（PDS，Pattern Design System）技术还基本依靠操作者的经验。存储大量既有模板，通过数据匹配度再选择调整这样的半自动系统，以参数化纸样专家知识为核心技术的智能化纸样生成系统的研究甚少，除已开发的西装、西裤和休闲装智能化纸样设计系统外，对男衬衫个性化定制的研究还处于低层次的水平，最主要是完备的、市场化的专家知识系统总结和计算机接口技术还没有得到解决。因此，本研究将对男士内穿定制衬衫的纸样设计自动生成（PDS）的专家知识进行更加深入和完善的研究，真正实现内穿衬衫个性化定制的纸样设计和生成的数字化、智能化。

1.1.1 纸样设计系统智能研发现状

国际上，CAD 技术已经发展了四十多年，但是服装 CAD 纸样设计系统始终未能改善人机交互系统中对操作者经验与主观思维的依赖，并没有真正实现智能化样板的输出，即仅需要输入少量关键数据及描述性语言，就能一键生成设计纸样的傻瓜模式。

国外在服装智能化研究领域已经取得了一定的成就，例如 Nakanishi 利用遗传编程（GP）技术开发的款式辅助设计系统，其系统可根据用户的选择进化款式，Lee 和 Cho 等人提出的交互式遗传算法（IGA）通过与用户的交互获得适合度函数，从而解决款式适合度的评价问题；Hee-su Kim 等利用 IGA 构造了相应的女装款式设计系统，获得了较好的效果。但由于专家知识不足，都没有形成完整可靠的智能纸样输出功能。美国格柏（GERBER）公司的 AG-CUMARK 系统、法国力克（LECTRA）公司的 MODARIS FTTNET 量身打板系统都属于服装定制输入系统，可以根据所选款式选出最匹配的样板，然后在此基础上进行一定的适配修正。但毕竟纸样库的数据良莠不齐、缺乏统一、款式有限，理论上设计纸样仍然是在"替身"的基础上修改，"替身"和后期修改仍要依靠操作者的技术水平和经验提高成功率，因此款式的质量种类必然受到极大的限制，个性纸样的智能化水平远远不能满足现今消费者多样性、差异化和高标准的需求，这也就导致了之后的修改过程需要大量的纸样绘制经验和人工打板不确定性错误的困扰。

国内也有不少服装 CAD 系统，如北京日升（NACPRO）、深圳博克智能系统（Boke）、广州樵夫（INVAN）、ARISA 航天服装 CAD 系统等，但基本上都把研发的重点和产品的卖点定位在放码、排料以及自动裁剪上，其纸样设计智能系统仍停留在交互式的操作人和工具的"人机"模式，需要操作者根据自己的打板经验和方法来设计纸样，只是提供了更加人性化和便捷化的绘图工具。北京大全伟业科技有限公司的 BILI 服装 CAD 在智能化纸样设计上进行了一定的尝试，其自动结构设计是通过修改衣片的主要尺寸和习惯公式，生成服装的标准衣片，但款式数据库覆盖有限，款式效果也没有得到验证，所以在实际应用中的可操作性并不理想。虽然，近几年来这些 CAD 公司都不遗余力地推出新版本的软件系统，但始终没能从零库存自动化纸样的"傻瓜式操作"实现纸样设计的自动生成。

1.1.2 纸样技术专家知识研究滞后

1.1.2.1 重软件开发轻专家知识研究

智能化纸样生成系统是一项专业性、应用性很强的系统研究，依据人工智能的推理技术，通过建立专家知识机制、逻辑推理等方法生成衣片，除了服装结构原理的知识，样板的好坏在很大程度上取决于打板师的操作经验。同理，服装 PDS 自动生成对专家系统的优劣在很大程度上取决于它所运用的专家知识数据的正确性和全面性。错误的专家知识会导致生产错误的样板，不全面的专家知识会导致专家系统的局限性。目前的 CAD 系统，把重心放在计算机的程序研究上，而轻视服装专家知识系统的建立，这就使得计算机操作界面越来越复杂，使专家知识的渗透变得越来越少，最后，这些系统生成的款式和纸样就会出现参差不齐的现象。

例如 Nakanish 利用遗传编程（GP）技术开发的款式辅助设计系统，系统根据用户选择近似的款式，由于在编码中未考虑款式设计的某些领域知识，因而生成的大多数纸样都有不适合的结构与数据（人工修正几乎是 100%）；Lee 和 Cho 提出的交互式遗传算法（IGA），通过与用户的交互获得适合度函数，从而解决纸样适合度的评价问题；Hee-su Kim 等利用 IGA 构造了相应的女装款式设计系统，获得了较好的效果。但由于专家知识不足，都没有形成完整可靠的智能纸样输出系统。造成这种结果的原因是"计算机思维大于专业思维。"

1.1.2.2 关于导入国际化 TPO 知识系统

任何一类服装产品都有既定的"语言系统"，特别是国际市场的语言规则，衬衫也不例外。这是国内服装 CAD 系统缺失的专业知识部分。衬衫纸样设计自动生成系统（PDS）是以款式、规格、板型三大功能模块为基础建立起来的，在纸样自动生成之前首先要解决的是款式设计，款式设计是为纸样自动生成做准备的，是完整系统的重要组成部分。品牌化衬衫款式设计是基于 TPO 知识系统平台下实现的，服装 TPO（Time、Place、Occasion）原则是国际上通用的着装原则，它是将何时、何地、何目的的着装明确地表示、规定方向目的性的原则。TPO 知识系统的导入不仅可以提升款式和纸样设计的品牌价值，而且对顾客的着装社交与消费行为准则具有指导意义。因此，PDS 款式设计模块导入 TPO 知识系统具有内穿衬衫品质定制的意义，它指导并控制着用户自主设计的各个环节，以达到品牌市场化的操作要求，即使用户对 TPO 知识不了解的情况下也不会在元素运用、搭配上出错，这就需要在整个纸样设计自动生成系统中建立 TPO 知识系统的操作模块。

1.1.2.3 企业化个性衬衫定制研究基础

北京服装学院 PDS & TPO 工作室自 2000 年开始，就在西装、衬衫、休闲装和裤子纸样设计自动生成系统专家知识研究上取得了一定的成果，现在 PDS 系统在更新换代中不断强大，在纸样专家知识的建构上不断完善，基于 TPO 知识系统的款式组合设计更加丰富，操作上更加人性化，尤其是西装的 PDS 系统已经十分完善，并得到了市场的检验。在衬衫的 PDS 研究中，进入了个性化定制方面的探索，本研究成果就是在这个平台上实现了个性定制衬衫纸样设计自动生成的傻瓜式操作系统，即在前期研究成果的基础上进行的实践性探索研究，属于第二代企业化个性定制衬衫 PDS 研究。

1.2　创建企业化个性衬衫定制平台

服装智能化纸样设计系统必须以科学合理的"专家知识"为技术平台，才能使其智能化设计模块正常运行，本研究的目的就是要在先前研究成果的基础上，对定制衬衫的纸样设计自动生成（Pattern Design System）的专家知识进行更加深入和系统的研究，使该系统理论更加完善、操作更加快捷、输出纸样更加可靠。为完善衬衫个性化定制的纸样设计和生成的数字化技术提供专业可靠的专家知识，才能真正做到智能化操作。

纸样研究只有以 The Dress Code（国际着装规则）的款式设计研究为基础，才能更加规范化、专业化和系统化技术开发，因此本研究对于衬衫的 TPO 知识系统的导入，是展开衬衫纸样设计研究的先决条件；在此基础上要保证"专家知识"的合理性，并将"专家知识"转化成计算机可识别的数字代码，利用计算机编程语言实现纸样的自动生成，因此该研究对于之后的计算机编程提供了强有力的专业知识和方法。在个性化定制领域，对实现衬衫纸样的数字化自动生成的傻瓜式操作技术具有开创性的意义，使 PDS 纸样数字化系统的品类更加完备，加速了服装定制的数字化进程。个性化定制衬衫 PDS 的建立，使企业实现衬衫网上个性化定制成为可能，对定制网络运营平台具有推动和示范作用。

1.3　研究内容与方法

本研究的主要内容：开发符合企业衬衫定制技术与国际品牌要求的"衬衫个性化定制纸样设计及自动生成系统"，提供程序设计的衬衫纸样设计自动生成的专家知识（核心技术）。本系统专家知识研究主要包括款式设计、尺寸输入和板型设计三大功能模块，根据每一个功能模块的逻辑关系分别建立不同功能的子模块，模块在奇偶数时的固有机制，通过计算机编程，实现自动化纸样输出。所有这些子模块内容的研究都要建立在市场的实际应用和个性化定制企业的需求基础之上，强调服装市场的国际化、品牌化和高端化的纸样设计产品研发和运行规律（图 1-1）。

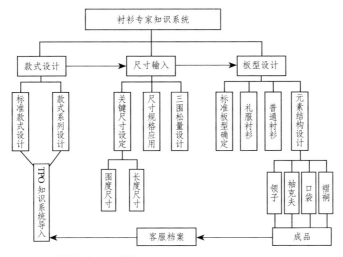

图 1-1 衬衫专家知识系统

本课题的研究方法与流程，首先，从 PDS 领域研究的先期成果和纸样设计相关文献资料入手，了解这一领域的研究现状、PDS 的核心技术以及 PDS 专家知识的研究成果。其次，根据已经掌握的纸样知识，收集标准化衬衫定制企业制板数据与特点，依据企业衬衫的定制风格和工艺技术要求，确定标准规格型号的企业基本板。第三，通过手工绘制标准衬衫纸样，与企业的标准样衣进行比较分析，从外观造型到内部结构进行比较，运用定性与定量结合的分析方法，最终确定基于"专家知识"的标准板，并归纳总结出标准板衬衫纸样设计的专家知识系统，将其参数化、逻辑化和系统化，最终以符合计算机编程要求为原则。第四，标准板衬衫系统完成后，选择四个全覆盖号型制作样衣，测试自动生成纸样的可靠性和专家知识对不同号型的覆盖率，修改完善专家知识。第五，以标准板为核心，导入 TPO 知识系统，扩展不同的款式设计，丰富衬衫各个细节的款式变化，通过升级的参数化专家知识进行编程，完成该部分的计算机程序设计后，再次选择四个全覆盖的不同号型和不同款式、细节进行样衣制作，试穿调整，并再次修改和完善专家知识以及相应的计算机程序。最后，搭建系统操作平台，包括款式设计界面、尺寸输入界面以及纸样自动生成模块的后续工作，并将完整的 PDS 衬衫定制系统投入产品终试，进行综合检验和调试。

第 2 章 衬衫定制纸样设计自动生成系统的基础理论

2.1 纸样设计专家知识的理论架构

纸样设计自动生成专家知识是编写 PDS 程序的基础和依据，计算机编程实际上是要建立一个系统的具有逻辑性的数学模型，这就要求必须将服装纸样中各设计要素的变化规律和彼此之间的相互关系转化成计算机可识别的逻辑关系式，而不是一对零散的纸样技术经验，为计算机程序的编写提供可建立数学模型的基础数据并保证该程序的正常运行。而且，纸样专家知识的正确性、专业性和全面性直接决定了最后 PDS 系统自动生成纸样的优劣，因此如何总结出科学合理的专家知识就显得尤为重要。通过十几年的 PDS 专家知识系统研究，总结出了专家知识"多米诺律"的核心思想、比例和平衡两大原则及常量控制的关键技术。这些思想、原则和技术通过企业化的产品实践使纸样设计专家知识总结得更合理、可靠，系统（PDS）运行更加稳定。

2.1.1 纸样设计专家知识的核心思想：多米诺律

任何事物之间和事物内部各要素之间都是相互联系的，就像多米诺骨牌的游戏规则：当两张牌之间的距离小于一张牌的长度时，推动首牌，其余骨牌会产生联动效应；当两张牌之间的距离大于一张牌的长度时，这种联动效应就会失败。

服装纸样作为一个整体也是如此，其内部的各个构成要素也不是孤立存在的，相互之间也有这样的联动效应，任何一个元素的变化都会导致整体结构的变化。但是，当其中一个元素变化超出一定的界定范围或缺乏结构的合理性时，这种整体上的有机组织形态和相互关系就有可能遭到破坏或消失，这种联动关系机制就是多米诺律，是我们总结纸样设计规律专家知识的核心思想。

多米诺律思想贯穿于整个纸样设计专家知识中，如胸围净尺寸（B）这一重要元素在衬衫纸样设计中的一系列多米诺骨牌中具有头牌效用，通过比例关系式得到基本纸样中袖窿弧线（AH）的长度，而这个长度又制约了袖子的肥度，袖肥又决定了袖子的整体造型；通过胸围尺寸（B）可以获得基本纸样中的前胸宽，前胸宽通过一定的比例关系，就能得出衬衫口袋的袋口宽，口袋的长度又可以依据与袋口宽的比例关系得出。类似这样，由一个元素推导出另一个元素，每一个元素都受上一元素的制约，又影响到下一个元素的走势，这就是多米诺思想在专家知识中的运用个案。当然，能够找出发生这种联动效应的诱因和依据就是其重点和难点，最后得出的关键元素越少，对其他元素的关联性越强，这种机制一旦建立起来，"傻瓜式操作"功能就会成为可能，编程之后得出的计算机系统的操作就越便捷，这也就意味着我们只需要输入几个关键元素的数值，就能得出整个的纸样结果。其实，最重要的还是多米诺律可以使专家知识变得就连发明者也没想到的足够强大，运用简单的数字技术和工具可以实现更加专业的、便捷的、可靠的"傻瓜式操作"系统。

2.1.2　纸样设计专家知识的两大原则：比例原则与平衡原则

在人工纸样设计过程中，比例原则是运用最普遍的基本原则，也是实现纸样设计合理性的保证。无论是基础纸样还是个别的衬衫纸样，整个纸样结构的参数设计就是以几个关键数据为基础，通过比例关系的运算，得到纸样设计中所需要的其他参数。比例关系式的确立是根据审美习惯、理想化的人体比例、运动功能，以及纸样中各设计要素的变化规律所总结出的参数关系式，如 $y=ax$ 或 $y=ax+b$ 是它们的基本表达形式。例如，$B/6+4cm$ 得到胸宽线和背宽线；$B/6+9.5cm$ 得到袖窿深线；$B/12$ 得到后领口宽等。其中男装基本纸样以净胸围（B）为基础，按照比例原则和常量控制来实现男装标准化造型。这样用比例关系来确定参数的方法，用几何关系代替了传统制板中的各部位定寸的设计，降低了经验不足对纸样结果的决定性作用，对于成衣制板、推板技术和质量控制也具有很大的实用性和推广价值，也是衬衫纸样智能化计算机程序编写实现的基础。

比例原则的作业是保证服装纸样结构的合理性，而平衡则是调整实现服装结构美感与功能协调的重要原则。在纸样参数设计中，单纯的比例原则是远远不够的，因为服装纸样的变化并不是单纯的一个参数要素的变化，一系列相关参数的变化会导致服装整体结构在某些局部的不适应，因此需要用平衡原则来控制和调节各设计要素之间的关系"和平共处"，保证数据变化后的服装整体仍能保持平衡稳定的形态。平衡原则在纸样设计中的应用主要表现在两个方面：一是变化量的位置；二是变化量的数值。当纸样某一位置的参数发生变化时，其他位置的相关元素参数必须也要发生变化，以保证其造型和功能上的平衡；当某一长度、围度或细节发生变化时，变化数值也要达到平衡，不能集中在一处，要按比例分配于各处，以降低整体纸样的变形。

这两大原则虽然各自的作用不同，但在纸样设计过程中却是密不可分的，必须同时使用，才能形成逻辑性更强、更加科学合理的专家知识，实现智能化操作和可靠的终端纸样。

2.1.3　纸样设计专家知识的关键技术：常量控制

常量有两种表现形式：一种是关系式中的常量，另一种是单纯常量。比例关系式有两种表现形式 $y=ax$ 和 $y=ax+b$，其中 b 即为关系式中的常量；基本纸样后冲肩量的定寸 2cm 就是单纯常量。无论哪种常量，确定它的机理是在一定规格范围内，不随号型或个体体型的变化而变化，并且能保证服装理想造型和结构合理性的固定。在纸样设计专家知识的总结中，常量控制是长期纸样设计经验积累的"结晶数值"，因此无论哪种表现形式都应是相对稳定而可靠的。

关系式常量是如何发挥作用的？当比例关系式 $y=ax$ 无法达到理想数值时，需要加入 b 来进行微调，理论上 b 数值设置越小，纸样的可靠性越高。例如，基本纸样的袖窿深关系式 $B/6+9.5cm$、衬衫纸样后领宽 = 领围 $/5-0.7cm$，其中常量 9.5cm 和常量 0.7cm 对纸样结构稳定性的影响程度不同，随着号型的变化，后领宽弧线的变化很小，结构线基本上呈相似性变化，并与不同号型对应的人体颈部大小变化相吻合，而袖窿关系式 $B/6+9.5cm$ 在进行不同号型的实验中，袖窿弧线会发生较大的变化：胸围越大的体型，袖窿形态会变"胖"；胸围越小的体型，袖窿形态会变"瘦"。这刚好是各自体型和功能所需要的,其中常量 9.5cm 的作用就在于此。因此,关系式中常量大的设定也必须符合合理的结构规律。由此可见,比例关系式中常量 b 控制得越小越可靠,但在实践中偏大的常量设定也是顺应不同体型及合理的功能结构,否则会导致多米诺律的适应性范围变小,这就是常量控制为该系统关键技术的原因。

2.2 款式设计模块衬衫 TPO 知识系统和设计规则的导入

在第一代衬衫纸样自动生成系统中,并没有把衬衫 TPO 知识作为专家知识系统完整地导入进来,这对该系统的国际化专业性和系统性衬衫知识建构和作为定制品牌的权威性会大打折扣,这也是本系统的一个创新点。在 PDS 衬衫定制系统的款式设计模块中,衬衫的款式设计是在 TPO 知识系统导入后的平台上实现的。所谓服装 TPO 原则,指着装所需要考虑的时间(Time)、地点(Place)和场合(Occasion)的基本准则,它对着装行为和服装产品设计开发具有指导意义。按照 TPO 原则,衬衫也和西服一样划分为礼服类衬衫、常服衬衫和休闲衬衫,本系统作为定制衬衫的品牌化标准,主要研发对象是礼服类衬衫和常服衬衫,并以 THE DRESS CODE(绅士着装规则)钦定的日间礼服衬衫、晚礼服衬衫和公务商务衬衫规范的衬衫款式语言系统与设计规则整体导入该系统的款式设计模块中,并指导衬衫纸样专家知识设计(图 2–1)。

TPO 知识系统指导下的衬衫设计方法与规则主要体现在款式设计和纸样设计两个方面。在衬衫款式变化及搭配上都会遵循一定的社交程式,一些设计成为"惯例",而另一些设计则成为"禁忌"。男装的级别越高,规定性越明显,自由性越弱;级别越低,自由性越大,禁忌越少。因此,没有 TPO 知识系统的导入,很难应对真正的高端定制市场上款式的设计变化,这就需要建立一个 TPO 知识系统指导下的款式设计"傻瓜式"操作平台。在纸样设计方面,由于衬衫结构相对稳定的特点,"一板多款",即固定一个板型设计不同的衬衫款式成为主要的纸样系列设计方法,在一个板型基础上,通过部位元素的互通设计,可以生成不同版本,继而进行各自的纸样系列设计,这也成为国际衬衫品牌惯用的技术标准。衬衫的 TPO 专家知识系统和设计规则的导入,将贯穿于整个衬衫的款式设计和纸样设计中,使 PDS 衬衫定制系统的开发更具条理性、逻辑性和品牌特质。

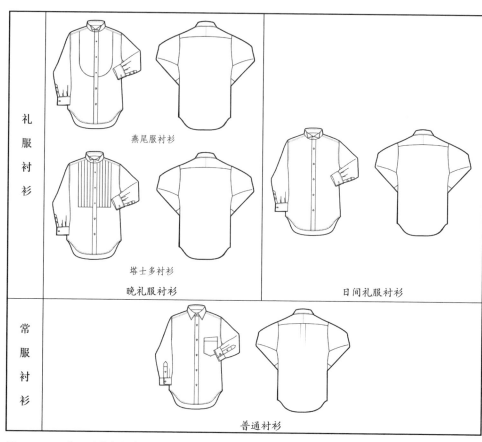

礼服衬衫

燕尾服衬衫

塔士多衬衫

晚礼服衬衫

日间礼服衬衫

常服衬衫

普通衬衫

图 2-1 TPO 知识系统定制衬衫款式模块界面标志信息

2.3 从衬衫专家知识到纸样自动生成实现的工作原理

从衬衫专家知识到纸样自动生成实现的基本思路是从衬衫的功能性入手，拆分细化其构成的基本设计要素，例如构成衬衫的领子元素，可以分为翼领、企领、立领。其中，企领又可以细分为连体企领和分体企领。再如按领角可以分为锐角领、钝角领和直角领。像这样把这些基本要素在合理的变化范围内依据 TPO 规则排列组合，从而得到不同的衬衫款式，然后进行不同款式的纸样试验，运用平衡、比例原则和常量控制技术，在多米诺律思想的指导下，归纳出科学合理的适合建模编程的纸样专家知识关系式。衬衫定制纸样设计自动生成系统以专家知识为核心技术，建立款式设计、尺寸输入和板型设计三大基础模块，以软件技术为工具搭建一个操作系统平台，通过不同号型的纸样输出、成衣验证，不断地进行调整，最终实现符合定制要求的纸样自动输出。

纸样生成智能化实现的工作原理是在掌握了各设计要素的构成规则和变化规律之后，选择基础数据作为输入参数，将总结出的纸样专家知识转化成计算机可识别的数学模型和逻辑语言，运用计算机编程语言进行系统的界面设计和自动制板程序设计。最终的程序结果能够实现在款式设计界面，用户可以自由选择不同的款式和细节搭配；在尺寸输入界面，可以根据关键尺寸进行输入，计算机根据这些输入指令，进行一系列的数学计算、程序运作，最终呈现在用户面前的是完全可以超出人工打板专业标准的服装纸样（图2-2）。

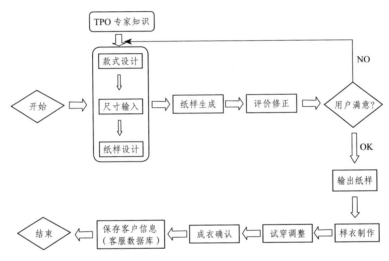

图2-2 纸样自动生成系统工作流程

第 3 章　衬衫定制纸样设计"标配"专家知识

所谓"标配",指衬衫定制的标准款式和标准体型尺寸的基本配置,即纸样设计自动生成"初级系统"的"标配"专家知识。定制是纸样自动生成的难点,它主要集中在两个方面,一是相关尺寸的采集,二是在众多款式中总结出其纸样设计的规律。越来越多的顾客青睐于定制服装,很大程度上都是源于对定制尺寸的要求,希望通过单量单裁的定制方式获得符合自己身材特点和要求的服装,所以,对顾客体型数据尺寸的采集是纸样设计的关键步骤。在衬衫纸样设计规律方面,相对西装来说,其结构规律更加简单稳定,更容易进行专家知识的总结。从结构造型上看,定制衬衫并不像西装那样强调合体性和造型,而更注重其舒适度和功能性,因此其结构设计不完全取决于三维人体尺寸,也不完全依赖于人体的体型特征,而是要设计出完美的造型比例对人体体型进行覆盖性修正。衬衫定制纸样设计自动生成系统(PDS)就是基于"覆盖性修正"目的建立的,通过获取人体尺寸关键数值(并非采集人体尺寸越多越好),运用合理的参数比例,从造型比例和纸样结构着手,探讨定制衬衫结构与体型之间的关系,总结出科学合理的专家知识,并用关系式和常量形式组成专家知识参数化系统。

3.1　衬衫定制的人体测量与信息采集

定制的优势不仅仅在于顾客可以选择自己喜欢的款式,更重要的是使顾客得到更适合自身体型和主服匹配的定制服装,穿着更加得体舒适,这也就说明了在定制的过程中顾客尺寸采集的重要性。

3.1.1　传统的手工测量

目前，在国际定制衬衫企业中，大多仍然采用传统的手工量体。在进入具体的人体数据测量之前，量体师必须通过初步的观察对顾客的形体做出基本的判断，然后再通过具体部位的测量，才能把握每个客户不同的体型特征，必要的时候，还需要通过拍照记录下来，在纸样设计时作为参考。

图3-1为英国萨维尔街 Henry Poole 衬衫定制品牌客户订单，不难看出，在衬衫定制中需要采集的人体基础数据不仅包括基本的领围、胸围、肚围、臀围、肩宽、身高等，还需要有各个部位的细节尺寸。

量体师需要关注顾客的特殊体型部位，包括胸部特征，如挺胸、弓背、鸡胸；背部特征，如圆背、背骨高；颈部特征，如颈短、颈长；凸肚体的大小程度；臀部特征，如落、平、翘臀；肩部特征，如平肩、斜肩、高低肩、冲肩等。在观察人体体型时既要正面观察，又要背面观察，还要侧面观察，正面观察可以识别高低肩、平肩、斜肩、手臂长短等；背面观察可以识别肩胛骨高低、臀部特征等；侧面观察可以识别人体厚度，各部位曲线起伏状态，如脖颈倾斜度，胸部、腰部、腹部等各位置形状以及有无挺胸、驼背、凸肚等体型特征。量体师应该将顾客特体部位记录在订单上，这些信息收集记录的过程，是整个定制系统的首要步骤，因为只有在了解了顾客的体型特征前提下，才能在板型细节的调整、工艺的处理、面辅料的选择上有的放矢，才能设计出更加满足顾客需求的纸样，这也是定制衬衫专家知识系统需要统筹的个性数字化技术。

3.1.2　纸样设计系统中的人体测量

从衬衫定制订单中可以看出，量体师量体不仅数据多，而且对量体师的专业要求也很高，因为量体结果直接影响制板的结果。随着科学技术的发展，3D（三维）扫描人体技术的进步，越来越多的企业开始试图将这种技术运用于服装业中，但是 3D 扫描的技术原理，只能根据人体骨骼和人体表面的测点来测量围度和长度，得出大量的数据必须通过专业技术人员的筛选，而且在测量过程中还要换上特定的服装，同样会造成很多不便，3D 扫描无法从根本上取代手工测量。因此，怎样既能减少人体测量的工作量，又能准确地表达人体、正确制板是首先要解决的问题。

在 PDS 系统中，采集人体尺寸遵循"覆盖性修正"原则：以人体关键净胸围

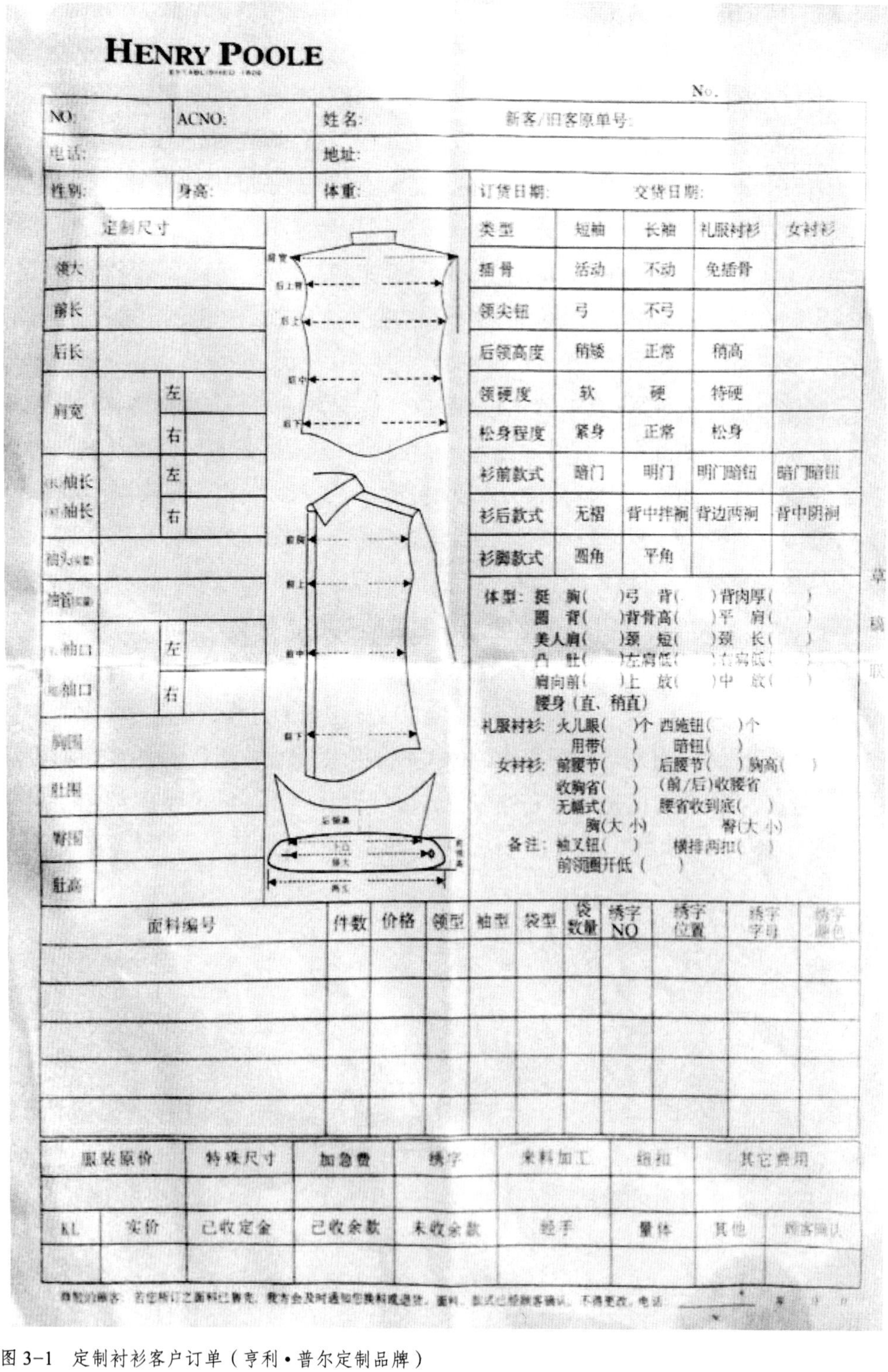

HENRY POOLE

NO:		ACNO:		姓名:		新客/旧客原单号:	
电话:				地址:			
性别:		身高:		体重:		订货日期:	交货日期:

定制尺寸					类型	短袖	长袖	礼服衬衫	女衬衫
领大			肩宽		插骨	活动	不动	免插骨	
前长			后上背		领尖钮	弓	不弓		
后长			后上		后领高度	前矮	正常	稍高	
肩宽	左		胸中		领硬度	软	硬	特硬	
	右		后下		松身程度	紧身	正常	松身	
长袖长	左				衫前款式	暗门	明门	明门暗钮	暗门暗钮
短袖长	右				衫后款式	无褶	背中排褶	背边西洞	背中阴洞
褶头					衫胸款式	圆角	平角		
褶距									
长袖口	左								
短袖口	右								
胸围									
肚围									
臀围									
裤高									

体型：挺胸（　）弓背（　）背肉厚（　）
　　　圆背（　）背骨高（　）平肩（　）
　　　美人肩（　）颈短（　）颈长（　）
　　　凸肚（　）左肩低（　）右肩低（　）
　　　胸向前（　）上放（　）中放（　）
　　　腰身（直、稍直）
礼服衬衫：火儿眼（　）个 西纽扣（　）个
　　　　用带（　）暗钮（　）
女衬衫：前腰节（　）后腰节（　）胸高（　）
　　　　收胸省（　）（前/后）收腰省（　）
　　　　无腰式（　）腰省收到底（　）
　　　　胸（大 小）臀（大 小）
备注：袖叉钮（　）横捎再扣（　）
　　　前领圈开低（　）

面料编号	件数	价格	领型	袖型	袋型	袋数量	绣字NO	绣字位置	绣字字母	绣字颜色

服装原价	特殊尺寸	加急费	绣字	染料加工	组扣	其它费用

K.L	实价	已收定金	已收余款	未收余款	经手	督造	其他	新客确认

尊敬的顾客：若您所订之面料已售完，我方会及时通知您换料或退货。面料、款式已经顾客确认，不得更改。电话 _____

图3-1　定制衬衫客户订单（亨利·普尔定制品牌）

尺寸为基础数据，通过科学的比例推算得出纸样其他部位的数据，根据综合优化的人体特征、行业和客观要求及审美习惯等因素加以修正完善，旨在达到用理想化、标准化纸样覆盖人体的目的。在大多数定制企业中，人体数据获得越多、纸样就越准确的认识很普遍，但这并不一定合理和科学。就服装而言，直接应用于服装规格的制定和纸样的设计中，这种越多越好的观念是不正确的，服装要起到掩盖缺陷和修饰的作用，就需要采用几个关键的数据，参考特体数据和理想化人体特征，进行优化纸样设计。这种方法对定制服装企业才具有更好的指导和借鉴意义。但是体型观察、测量、尺寸优化调整的三大步骤还是必要的。

在初步的体型观察之后，进入人体尺寸测量阶段。测量尺寸分为围度尺寸、长度尺寸和宽度（高度）尺寸三个方面，针对PDS系统的要求和衬衫的特点，需要采集的围度尺寸有领围、胸围、腕围；长度尺寸有身高、衣长、袖长；宽度尺寸，则需要顾客提供自己喜好的成品尺寸，如袖克夫的宽度、领子的高度等，这需要与TPO规则相协调。这些也只是PDS系统作为专家知识研究的参考尺寸，另外测量腰围、臀围和肩宽，这些数据可以给纸样松度调整提供基础数据。

测量时，首先被测量者要呈自然站立状态，并需穿紧身的衣服，才能获得准确的净体尺寸。在围度测量时，要先确定测位的凹凸点，然后做水平测量，左手持软尺的零起点一端紧贴测点，右手持软尺水平绕测位一周，记下读数，其软尺在测位贴紧时，其状态既不脱落，也不使被测者有明显系紧的感觉为最佳。需要注意的是，本系统需要的领围是颈中围度，因此在测量时要以颈中（喉结）围度为准，其他部位的测量和一般的量体方法基本相同。

3.2 标准衬衫定制纸样设计专家知识

在完成了基本的数据采集之后，进入纸样设计专家知识系统。与第一代内穿衬衫的款式相比，第二代内穿衬衫款式根据市场和企业的需求做了细节调整，如图3-2所示为标准内穿衬衫款式图：衣领是由底领和翻领构成的企领结构，肩部为有断缝育克，前门襟明搭门六或七粒扣，左胸一贴袋，衣摆呈前短

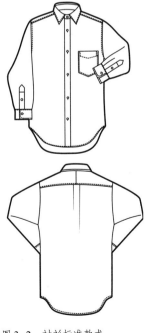

图3-2 衬衫标准款式

后长的圆形摆，后身有单明褶裥，袖头为圆角筒型袖克夫，连接剑型明袖开衩。这里所谓的"标准"并不是指衡量纸样的准则，而是一个比较常用、规范的模板，其他内穿衬衫的款式都可以在其基础上依据 TPO 规则进行细节部位的变化来完成。

3.2.1　标准衬衫定制基本纸样的调整

本系统所采用的基本纸样是在第一代内穿衬衫 PDS 智能化专家知识研究中标准基本纸样的基础上做出的调整。根据定制品牌的要求做了适应性处理，包括前肩线下降、后肩线上升的设计（图3-3）。

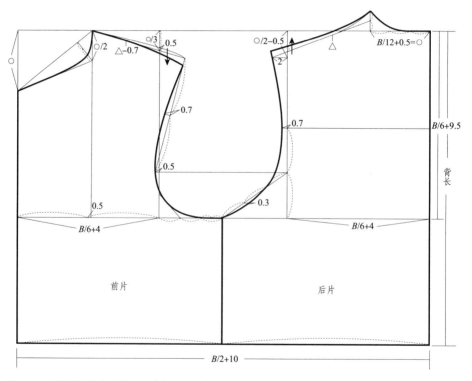

图 3-3　定制衬衫基本纸样（通过胸围 B 和背长的关系或加入常量控制完成）

3.2.2　标准衬衫纸样设计专家知识

标准衬衫纸样设计分为衣身、袖子、领子三个部分，下面依据多米诺率思想、比例与平衡原则和常量控制技术完成绘制。

3.2.2.1 衣身纸样绘制（图 3-4）

标准衬衫衣身纸样设计为了与西装纸样匹配要在男装基本纸样的基础上调整成衬衫基本纸样。衬衫基本纸样也是通过比例、平衡的关系式加上常量控制实现的（图 3-3）。按照制板习惯衣身纸样从后片开始制图。

（1）衬衫衣长的参数设计：衬衫衣长的确定方法有两种。

方法一：根据常用号型规格尺寸设计衣长参数。

根据以往常用的衬衫规格获取衬衫衣长的关系式：衬衫衣长 = 背长 +（背长 -4cm）或衬衫衣长 = 身高 /2，但是这种方法在企业实际制板中数据偏大，因此需要在此关系式中减小常量的比例，确定更加稳定的公式：衬衫衣长 = 背长 +（背长 -2cm）或 47% 身高。两公式进行比较，从测量和计算结果可以看出，调整后的衣长公式更适合品牌规格数据，更加合理。因此，把背长 +（背长 -2cm）或 47% 身高确定为衬衫衣长计算的关系式（表 3-1）。

表 3-1　衬衫衣长关系式调整　　　　　　　　　　　　单位：cm

规格尺寸			调整前		调整后	
号型规格	背长	实际衣长	背长 +（背长 -4）	50% 身高	背长 +（背长 -2）	47% 身高
170/88A	41	79	78	85	80	79.9
175/92A	42	82	80	87.5	82	82.25
180/96A	43	85	82	90	84	84.6

注　"号型规格"借鉴日本国际标准，A 为胸腰差 12cm，参阅《服装纸样设计原理与应用·男装编》

方法二：根据实测或客供尺寸确定衣长参数，这种方法更适合定制衬衫。

定制衬衫可以直接根据实测或客供的尺寸取得衣长，从后颈点向下延长后中线取衣长，作水平线与侧缝线的延长线相交，确定后片底边水平线。

（2）衬衫后身纸样的参数设计（图 3-4 衬衫后身纸样）：

① 后侧缝线与底边弧线参数。将衬衫基本纸样的后侧缝线向下延伸交于后片底边水平线，从底边水平线向上取背长 /3，再向右 1cm 作为新侧缝底点，连接原侧缝上端点，并在腰线处做 0.7cm 的收腰量，完成后侧缝线。

后侧缝底点与后片底边水平线的中点连线，得到后片底边辅助线，取后片底边辅助线上四等分点，向上作该辅助线的垂线，线段长 1.2cm 为底边曲线轨迹点之一，以底边水平线的中点为基准点，在底边辅助线上和底边水平线上分别取 3.5cm，得到底边曲线与底边水平线、底边辅助线的切点，同时也是后片底边弧线的轨迹点，连接各轨迹点作平滑曲线，完成后片底边弧线。

② 后领宽参数。内穿衬衫的特点是穿在西服内部，衬衫的领围既要保证衬衫外穿着背心和西服的空间量，又要满足衬衫领与颈部的贴合度，因此，领口参数的后领宽的确定至关重要。

后领宽的关系式确定有两种方法：一是后领宽=领围/5-0.7cm，领围指该衬衫规格的实际领围尺寸；二是在基本纸样后领宽的基础上收缩（$B/12+0.5$cm）/12，即基本纸样后领宽的1/12，便得到了衬衫的后领宽，在此点作新领宽线的垂线，在该垂线上取新后领宽的1/3得到轨迹点一，新后领宽的右起第一个三等分点为轨迹点二，用平滑的曲线连接轨迹点一、轨迹点二和后中点，得到衬衫后领口曲线。

基于这两种方法，针对定制衬衫所做的市场化覆盖和常规测量试验，试验结果如表3-2所示。从表中数据不难看出，方法一得出的实际领围市场化覆盖与衬衫领围差距甚微，而方法二以胸围尺寸为变化因素的公式得出的领围则与市场化覆盖衬衫领围差距较大。因此，后领宽的关系式采取第一种方法更为可靠，即后领宽 = 领围 /5-0.7cm。

表 3-2　后领宽参数关系式的对比　　　　　　　　　　　　　　　　单位：cm

号型规格	领围	方法一： 后领宽 = 领围 /5-0.7	方法二： 后领宽 = 基本纸样后领宽 -（B/12+0.5）/12
160/86YA （YA：14）	36.5	后领宽 =6.6 后领围 =7 前领围 =11.3 总领围 =36.6	后领宽 =7 后领围 =7.5 前领围 =11.7 总领围 =38.4
175/94A （A：12）	39	后领宽 =7.1 后领围 =7.7 前领围 =12.1 总领围 =39.6	后领宽 =7.6 后领围 =8.3 前领围 =12.9 总领围 =42.4
180/106E （E：0）	45	后领宽 =8.3 后领围 =9 前领围 =13.5 总领围 =45	后领宽 =8.6 后领围 =9.3 前领围 =14 总领围 =46.6

号型规格	领围	方法一： 后领宽 = 领围 /5-0.7	方法二： 后领宽 = 基本纸样后领宽 -（B/12+0.5）/12
185/120E （E：0）	47	后领宽 =8.7 后领围 =9.5 前领围 =14.5 总领围 =48	后领宽 =9.8 后领围 =10.5 前领围 =16 总领围 =53

注 "号型规格"设定为市场覆盖为 90% 以上，英文字母表示胸腰差量。

③ 后肩线与后袖窿弧线参数。从背宽线与肩线的交点向上延伸 1cm，与后领宽 *A* 点相连，向下延长到与基本纸样肩宽相同的位置定为 *B*，得到一条直线 *AB*，即为后肩宽。在后中线上自后颈点向下取 ★ /2 作水平线，交原袖窿弧线于一点并向外侧水平延长 ∅/2-0.5cm 为新袖窿弧线的轨迹点之一。此点与原袖窿深点间的袖窿弧长取 1/2 得一点作原袖窿弧线的垂直线，向外侧取 ∅/2-0.2cm 为新袖窿弧线的轨迹点二。连接后片新肩点、轨迹点一、轨迹点二与袖窿深点得到衬衫的后片袖窿弧线。

④ 后育克与背褶参数。在后中线上取四等分袖窿深（ ★ /4）作水平线为后肩育克分割线。分割线交于后片袖窿弧线处向下取 0.8cm 为育克省量的处理，用平滑的弧线连接分割线的中点。沿育克线后中点向右延长该分割线作 3.5cm 褶裥量，确定后中折线。

（3）衬衫前身纸样的参数设计（图 3-4）：

① 前侧缝线与底边弧线参数。从后片底边水平线与基本纸样侧缝辅助线的交点，向上取背长 /3-0.5cm 作前片底边水平线。

在前片基本纸样胸围线和侧缝交点水平向左移减少 1.5cm（为前片减少的松量），以此点向下作垂直线与后侧缝下端点水平线相交，再向前收缩 1cm，再向上回到起始点完成前片侧缝辅助线，在此腰线处作 0.7cm 的收腰量得到衬衫前片的侧缝线。

② 前领宽和前领口曲线参数。将基本纸样前中线向上延伸与过颈侧点的水平线相交为 *O* 点，由点 *O* 向右取后领口宽为前领宽，向下取后领宽 +1cm 为前领口深，并依此数据作矩形，自点 *O* 作矩形的对角线并四等分。过对角线的靠下四等分点向上 0.5cm 点、矩形的右上角端点和矩形的左下角端点作一条顺滑的曲线，

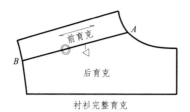

衬衫完整育克

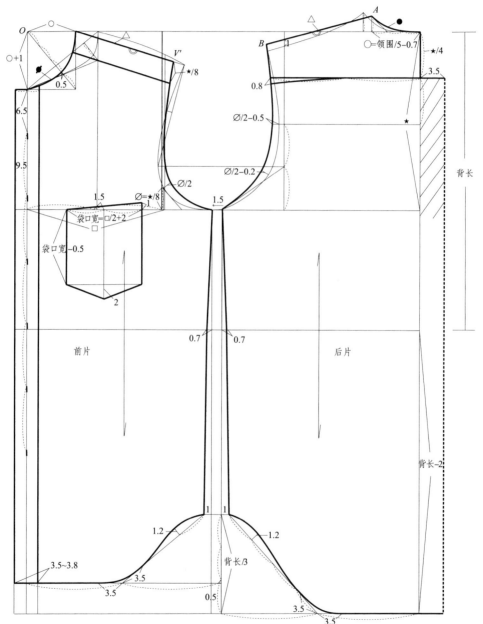

图 3-4 标准衬衫衣身纸样（宽松版）参数设计（规格：175/94A6）

为前领口弧线。

③ 明门襟与扣位参数。明门襟宽度取3.5～3.8cm为定寸设计，以前中线为基准两边各取1/2，上下延伸至前领口和前底边。明门襟宽度选择的范围，胸围≥94cm，门襟取3.8cm；胸围<94cm，门襟取3.5cm。在衬衫标准型号170/88A、175/92A和180/96A中，门襟宽为3.5cm和3.8cm。

扣位是在明门襟中确定的，通常取法采用定寸常量。第一个扣位从前领窝向下取6cm，依次向下取10cm为第二、第三、第四、第五、第六扣位点。衣长为大规格时，依次追加到第七扣位。

在实际调查中，衬衫规格是变化的，扣位应在比例关系下变化，不同规格扣位的确定是从前领窝向下取定寸为第一扣位点，该定寸的确定按胸围大小分为两档，当胸围B≥100cm时，第一个扣距取7cm；当B<100cm时，第一个扣距取6.5cm。第一个扣位确定之后，其他的扣距也有所调整，当胸围B≥100cm时，扣距为9.5cm；当B<100cm时，扣距为9cm。这样既能保证整体扣距与衣身的比例，又能满足扣距的基本功能要求，当然这只适用于标准衬衫，不适用于礼服衬衫。

④ 前肩线与前袖窿弧线参数。衬衫前衣身领口颈侧点与基本纸样前片肩点连接，以颈侧点为端点取后肩线AB的长为前肩线。

从基本纸样的前胸围线向上取★/8（∅）与原袖窿弧线的交点垂直该线向外取★/16（∅/2）为衬衫前袖窿弧线的轨迹点。过此轨迹点连接新肩点和前片侧缝线上端点，得到前袖窿弧线。

⑤ 前育克和贴袋参数。自前颈侧点向下取后育克中段1/2的宽度，即取★/8作前片肩线的平行线为前育克分割线。前育克和后育克在肩线处拼接形成完整育克，后中为实线说明是断缝育克（图3-4小图）。

贴袋在基本纸样的胸围线上，取前片胸宽的中点向右1.5cm设点为贴袋袋口的中点，两边各取1/2袋口宽。袋口宽度依据衬衫前身胸宽2+2cm获得。从贴袋上水平线右端点向上垂直取1cm作斜袋口翘度，连接两端点确定袋口线。从袋口左端点垂直向下取袋口宽-0.5cm，确定贴袋深，并作水平辅助线，取辅助线的中点向下2cm为贴袋剑型顶点，连接此点到两端完成剑型贴袋。至此，标准衬衫衣身纸样的绘制完成（图3-4）。

3.2.2.2　袖子纸样绘制（图3-5）

（1）袖子纸样基础线的参数设计：

① 袖肥线与袖中线的确定。作水平线为袖肥辅助线，与之相交的垂线为袖中

辅助线，左侧为前袖，右侧为后袖。

② 袖山高参数。从袖肥辅助线在袖中辅助线交点上取 AH/6 为袖山高，确定袖山顶点。

③ 袖长参数。一般情况下，袖长的确定有两种方法。

方法一：从袖山顶点沿袖中线向下取衬衫袖长 = 标准西装袖长 +3cm（衬衫袖应比西装袖长 3cm）−6.5cm（袖克夫宽）。

方法二：根据顾客提供的习惯衬衫袖长 −6.5cm（袖克夫宽）来确定。

但是第二种方法在企业实际制板和测量中数据偏差大，因此需要确定更加合理的公式。对于袖长确定的试验，在企业中对团体定制衬衫的袖长测试与定制衬衫理想袖长的比较发现普遍偏长（表 3-3）。

表 3-3　团体定制衬衫与标准衬衫袖长对比表　　　　　　　　单位：cm

型号	160/80	165/84	170/88	175/92	180/100
标准袖长	54.5	56	57.5	59	60.5
实际袖长（含袖克夫）	56	57.5	59	60.5	62

从表 3-3 中可以看出，实际袖长（含袖克夫）= 标准袖长 +1.5cm。

另外，我们又对七组成品衬衫袖克夫的宽度进行了测量，测量结果分别为 7.5cm、7cm、6.9cm、7cm、7.2cm、7cm、7cm，根据此数据，将袖克夫的宽度统一调整为 7cm。

因此，为适应企业化的制板习惯最后确定的公式为：衬衫袖长 = 标准袖长 +1.5cm−7cm。

④ 袖口线参数。确定衬衫袖长与袖中线交点下端向两侧分别作水平线，为袖口辅助线。一般情况下，袖口线长度 = 袖克夫长度 +5cm，其中 5cm 为袖褶量，但是由于袖口处设有袖开衩，袖克夫为开口系扣设计，所以袖克夫开衩会有重叠量，常规情况该处的重叠量为 2cm。在实际工艺中，袖克夫长度会比袖口长度长出 2cm（不计褶量），是因为袖口袖开衩的剑型贴边宽度正好可以弥补多出的 2cm 量，使袖克夫能够和袖口缝合且满足系扣所需的重叠量。

袖克夫的松量为10cm，因此袖口长度的计算公式调整为：袖口线长度=袖克夫长度+5cm−2cm，袖克夫长度=腕围+10cm+2cm。或者也可以直接取顾客提供的袖口尺寸+5cm−2cm（5cm为袖褶量，2cm为剑型贴边叠量），以确定袖口线的长度。

⑤ 袖肘线的确定。从袖山顶点向下取 1/2 标准袖长并向上移 1.5cm 作水平线，定为袖肘线。袖中线上袖肘线以下的部分标注为◇。

（2）袖身纸样完成线的参数设计：

① 袖缝线参数。在袖山顶点分别截取前、后 AH-0.3cm 交于袖肥辅助线上，确定袖肥，此关系式中的 0.3cm 为定寸设计。通过实验得出，当前、后袖山辅助线设计为前、后 AH-0.3cm 时，所得出的袖山弧线与袖窿弧线的差量在 0～0.5cm 之内，符合衬衫绱袖时工艺制作所需要的吃缝量的需求。

然后分别连接袖肥两端点和袖口线两端点，连线为前、后袖缝辅助线。在袖肘线上，从前、后袖缝辅助线各向内取 0.7cm 点，并分别与袖肥前后端点、袖口线前后端点顺滑连接，完成前、后袖缝线。

② 袖山弧线参数。在后袖山辅助线靠上三等分点作其垂线与袖山顶点水平延长线相交，并三等分该线段，每一等份为◎。后袖山辅助线靠下三等分点为后袖山弧线轨迹点一。在后袖山辅助线上 1/3 点到顶点的二分之一处，向上作垂线段，长度为◎ -0.2cm，该点为后袖山弧线轨迹点二。在前袖山辅助线靠上端点处截取后袖山辅助线 1/3 长度为下截点，在前袖山辅助线靠下端点处截取后袖山辅助线 1/6 长度为上截点，取上截点与袖山顶点延长线之间，分别过下截点和上截点作前袖山辅助线的垂线段，长度依次为◎ +0.1cm、◎ -0.2cm，且这两点均为前袖山轨迹点至前袖山辅助线切点即（后 AH-0.3）/6 处，连接前袖肥点、各轨迹点、袖山顶点、后袖各轨迹点作平滑曲线，完成袖山弧线。

③ 袖开衩参数。取后袖口线中点向右 1cm 并向上作垂线取◇ /2 为袖开衩长度＝▲；以该垂线长度，作宽为 2.5cm 的矩形。从矩形上边线两侧各向下取 0.5cm 并分别与上边线中点连线，完成袖开衩"宝剑头"造型。再从上边线向下取▲ /3-0.5cm，向上作两条间隔 0.5cm 的水平线，为袖开衩明线设计。在明线下端取矩形中垂线的中点，该点为袖开衩钉扣、锁眼的位置。

④ 袖褶参数。一般情况，袖褶的取法是从袖口线的中点，向左依次取值，但在实际应用中，袖开衩和袖褶的距离常规是 2 ～ 2.5cm，因此在本系统中也确定为 2cm 或 2.5cm，依次向左作 3cm 宽和 2cm 宽的袖褶，两褶间隔 1.5cm。

（3）袖克夫纸样的参数设计：作一矩形，袖克夫长度=腕围+10cm+2cm 或者直接取顾客提供的袖口尺寸+2cm。袖克夫宽为常量 7cm。

袖克夫设计一：方角，直接做袖克夫的直角矩形，从其两端点分别向内取左 1.5cm 钉扣位置，右 0.8cm 为锁眼位置，两扣位置间距为 2.5cm。

袖克夫设计二：在两下端点处分别向两直角边取 3.5cm，抹方角得圆角袖克夫设计。

　　袖克夫设计三：切角，以矩形左、右两下端点为圆心，取2.5cm为半径交矩形长、宽各得一点，分别连接左、右两点得到切角袖克夫设计。至此，全部袖子纸样绘制完成（图3-5）。

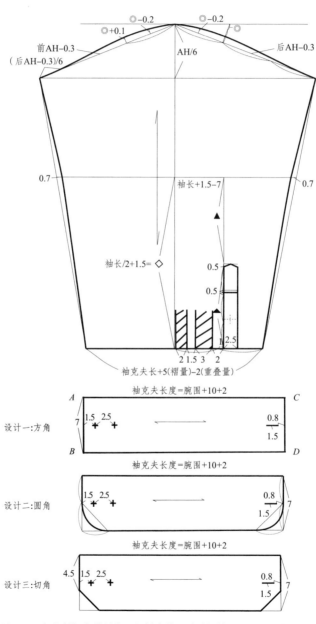

图 3-5　宽松版标准衬衫袖子纸样参数设计（规格：175/94A6）

3.2.2.3 领子纸样绘制（图 3-6）

（1）衬衫领子纸样辅助线的参数设计：

① 底领辅助线的确定。作长度为 1/2 前领口弧线长和后领口弧线长的水平线，定为底领辅助线，右端点为后中对位点。

② 底领、翻领以及领外口辅助线参数。从后中对位点垂直向上依次截取底领宽尺寸（常规取值范围在 3.5 ~ 4.5cm）、翻领上口线下翘量（1.2cm）和翻领宽尺寸（常规取值范围在 4.5 ~ 5.5cm），分别过其上端点作水平线，依次作底领上

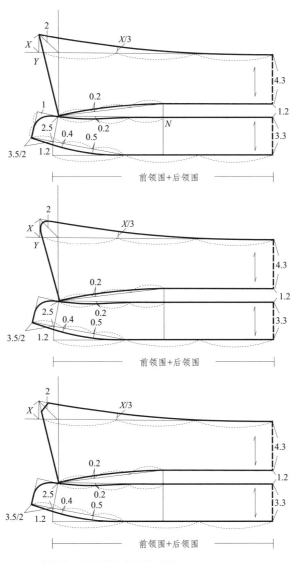

图 3-6　标准衬衫企领纸样参数设计（规格：175/94A6）

翘辅助线、翻领下翘辅助线和领外口辅助线。

在实践中，常规的取值有所调整，成品衬衫的底领宽大多取 3.3cm，翻领宽有两种尺寸：4.12cm 和 4.45cm。因此，在系统中把底领宽的取值范围调整为 3 ～ 4cm，翻领宽的取值范围调整为 4 ～ 5cm，保证底领和翻领之间有 1cm 的差量。标准底领取值为 3.3cm，翻领取值为 4.3cm。

底领、翻领的取值可以根据身高档差划分为三档，也可以根据顾客喜好自行选择，原则上要保证衬衫底领露出西服领 1.5cm 左右（上下浮动 0.5cm）。

（2）衬衫底领纸样的参数设计：

① 底领弧线参数。三等分底领辅助线，以左三等分点为圆心、1/3 线段长为半径作圆，再以底领辅助线左端点取底领上翘量 1.2cm，并向左延伸门襟 /2 为搭门量。在此线段第一个三等分点处作此线的下垂线取 0.4cm，第二个三等分点处下垂线取 0.5cm，为底领弧线的轨迹点，过此轨迹点和前、后中对位点作平滑曲线，完成底领弧线。

② 底领纸样参数。前底领是过其端点向上作底领弧线的垂线，长度为 2.5cm（约底领后中宽的 3/4），以此线为左边长、门襟 1/2 为宽作一矩形。在实践中，前底领 2.5cm 的量并不是定寸，经过实验，前底领与后底领的比为 3：4 的时候最为合适，因此按照比例原则，前底领的确定由后底领的比例关系来确定，即前底领 = 后底领 3/4，当标准后底领取值为 3.3cm 时，前底领取值为 2.475cm，约 2.5cm。

过底领辅助线二等分点作上垂线与底领上辅助线相交于一点 N，连接此点与领搭门矩形右上端点得一线段，此线段的左 1/3 点垂直向下取 0.2cm 得到底领上口弧线的轨迹点，连接矩形右上端点、轨迹点和点 N 作一平滑曲线，领搭门方角抹 1cm 成圆角，完成底领设计。

（3）衬衫翻领纸样的参数设计：

① 翻领上口线参数。从底领 N 点向上作垂线与翻领下翘辅助线相交，连接此点与前底领矩形右上端点并三等分，取左三等分点并垂直向上取 0.2cm 得到翻领下翘弧线的轨迹点。连接翻领下端点、交点、轨迹点和底领矩形右上端点作一平滑曲线且与底领上口弧线（不包括搭门量）等长，完成翻领上口线。

② 翻领纸样参数。企领中翻领的领角是领子造型设计中变化最为丰富的一个元素，一般有锐角和钝角（又称尖角领和宽展领）两种造型系列。锐角又有不同角度的变化，钝角又因为翻领外口弧线的长度不同而处于不同的方位。因此，我们可以借助一条辅助线即领角直角平分线来总结翻领领角的设计规律。过底领

前中上端点作垂直线与翻领外口水平线相交，过交点向左上作45°斜线，为领角设计线。设计线上从交点向上取2cm为领角端点（2cm取值为相对标准的常规设计），连接该端点与前中上端点，再从该点垂直向下交于翻领外口辅助线于一点y，此点到领角端点的垂直线长度为翻领外口弧线曲率设计的参考量，设为x。三等分点y到翻领上端点间的距离并在左三等分点处向上垂直取$x/3$，作为翻领外口弧线设计的轨迹点，连接翻领上端点、翻领外口辅助线右三等分点、轨迹点和领角端点作一平滑曲线，完成翻领设计。标准衬衫企领设计又有三种不同的变化：尖角、圆角和切角，尖角为标准企领，其他两种在尖角的基础上微调（图3-6）。

经过一定量领角测量试验，无论是锐角还是钝角，都在各自45°斜线上取0～4cm，当这个取值等于0时，领角为直角；当大于4cm时，领角造型夸张，这两种极端造型取值（大于4cm）都不适合内穿衬衫的造型惯例（图3-7）。

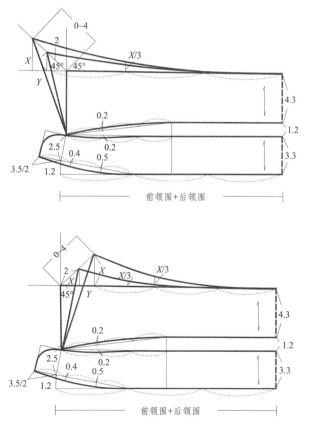

图3-7　标准衬衫企领锐角和钝角系列纸样参数设计（规格：175/94A6）

3.3 礼服衬衫定制纸样设计专家知识

标准衬衫可应用于所有日常的公务商务着装，按照 TPO 知识系统的国际惯例，礼服衬衫成为定制衬衫不可或缺的部分，且依靠主服的要求具有很强的专属性。礼服包括日间礼服和晚间礼服并都有着自己固定的衬衫搭配标准。

3.3.1 日间礼服衬衫纸样的参数调整

日间礼服衬衫一般是与晨礼服、董事套装（简晨礼服）进行搭配，在日间的礼仪级别最高，它与日常标准衬衫款式上大致相同，只是在领型、口袋、袖克夫和后背做了微小的变化，但款式元素稳定，规律性强。日间礼服衬衫的领型除企领外也采用翼领；由于与小开领背心配套穿着，衬衫口袋也失掉了它的功能性，所以日间礼服衬衫是没有口袋的，素胸衬衫指此；袖克夫采用双层复合型结构或单层袖克夫结构，一般不用标准衬衫的筒型袖克夫；由于礼服衬衫要求达到修身的效果，所以后背的褶裥去掉。图 3-8 所示为日间礼服衬衫标准款式。

日间礼服衬衫的纸样和标准衬衫的主体结构基本相同，只是在大身纸样上去掉口袋和背褶，日间礼服衬衫大身纸样参数调整在标准衬衫纸样的基础上完成（图 3-9）。

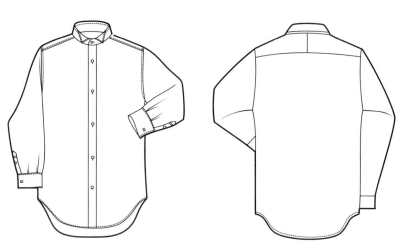

图 3-8　日间礼服衬衫标准款式

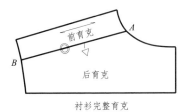

前育克

后育克

衬衫完整育克

O

○ +1

0.5

6.5

9.5

前片

○=领围/5−0.7

0.8

∅/2−0.5

∅/2−0.2

∅/2

∅=★/8

1.5

0.7   0.7

后片

★/8

V'

★/4

★

背长

背长−2

1   1

1.2   1.2

背长/3

3.5

3.5   0.5   3.5

3.5

图 3-9　日间礼服衬衫衣身纸样参数调整（规格：175/94A6）

3.3.2　礼服衬衫翼领纸样参数设计

日间礼服和晚礼服衬衫领型也可采用翼领纸样结构，是在企领底领纸样的基础上作翼领参数设计完成的（图3-10）。

翼领参数设计的作图步骤如下：

底领辅助线：作长度为前领口弧线长/2+后领口弧线长的水平线，其中右端点为后中对位点；从该点垂直向上截取底领宽，通过市场调查和测量发现，翼领底领的标准值为4.3cm，根据每个颈部特点和风格要求提供浮动值为4.3cm±0.5cm。

底领弧线：翼领下口弧线的绘制方法与之前企领底领弧线的绘制方法相同，在此基础上，过前中对位点引出的水平线，在此垂线为翼领大小设计的参照控制线。翼领大小的设计量可以根据这条参照控制线上的有效取值设定来控制。根据审美习惯及视觉平衡标准，将翼领大小设计的有效取值范围设定在4.3cm（底领宽）+4.3cm/2（即底领宽/2）到4.3cm（底领宽）+1cm之间。

翼领领角参数设计：在底领下口弧线右1/3点向上作垂直线交于翼领上口辅助线设点，将合理范围的a、b取值点与该点相连，并将该线段五等分。由参照控制线上的取值点到该线段左1/5等分点这段线段的范围，为控制翼领角度大小的变化取值范围。连接该变化范围内的某一点与前底领搭门上端点，得到各种不同角度的翼领款式。领角造型根据需要可以设计为尖角和圆角，圆角即在领角两边各取0.5cm抹圆完成（图3-10）。

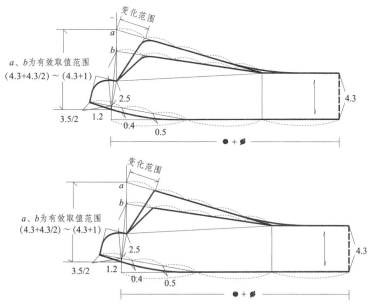

图3-10　翼领纸样参数设计（规格：175/94A6）

3.3.3 礼服衬衫袖克夫纸样参数设计

礼服衬衫袖克夫采用双层或单层是 TPO 知识系统的惯例，纸样参数设计与标准衬衫的筒型袖克夫也有所不同。

双层袖克夫参数设计的作图步骤如下：

作矩形，长为腕围 +10cm+2cm，也可以直接取顾客提供的袖口尺寸，宽为13.5cm（定制衬衫，双层袖克夫的标准取值）。

双层袖克夫设计一：在两下端点处分别向外取 0.7cm 与两上端点连线取得梯形，梯形下方左、右两端点两边分别取 0.5cm 抹成圆角；原矩形左上端点向下取 6.5cm 作水平线为翻折线；以翻折线为界上、下各取 1/2 点并分别横向向内1cm 为袖克夫四个锁眼的位置。

双层袖克夫设计二：前步骤同略，只在矩形下端不抹圆角，直接做袖克夫水平翻折线，以翻折线为界上、下各取1/2 点并分别横向向内 1cm 为袖克夫四个锁眼的位置；

双层袖克夫设计三：前步骤同略，在两下端点处分别向外取 0.7cm 与两上端点连线得一梯形，以梯形两下端点为圆心取原袖克夫宽 /3=6.5cm/3为半径交梯形长、宽各得一点，分别连接左、右两点得到切角袖克夫设计（图 3-11）。

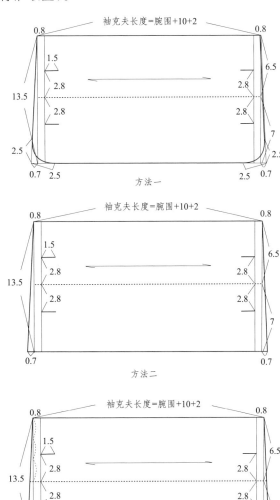

图 3-11　双层袖克夫纸样参数设计（规格：175/94A6）

单层袖克夫，参数设计的作图步骤与标准衬衫的筒型袖克夫相同，只是去掉钉扣位置，左、右均为扣眼设计，以配合专门袖扣的使用（图3-12）。在工艺上双层和单层袖克夫与筒型袖克夫不同，前者必须配合袖扣使用，袖口和袖克夫接缝工艺是将剑型开衩的小贴边翻转后缝合，这样开衩的2cm搭门就会损失一个（1cm）而通过减小袖褶1cm来平衡（图3-13）。

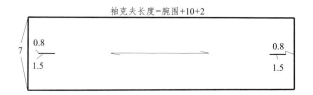

3.3.4 晚礼服衬衫的纸样调整

晚礼服衬衫，指晚间的正式礼服衬衫，包括燕尾服衬衫和塔士多礼服衬衫。

燕尾服衬衫是衬衫中礼仪级别最高的，与燕尾服配套的专属衬衫，它与晨礼服衬衫在款式上最大的区别是胸前的U字形胸挡、门襟暗贴边，而且只能用双层袖克夫（图3-14）。

塔士多礼服衬衫也属于夜间正式的礼服衬衫，与塔士多配套穿着，与燕尾服衬衫不同的是，它在胸前的位置设长方形或U字形褶裥，

图3-12 单层袖克夫纸样参数设计（规格：175/94A6）

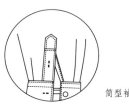

筒型袖克夫

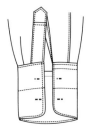

双层袖克夫

图3-13 双层袖克夫与筒型袖克夫的袖衩处理细节

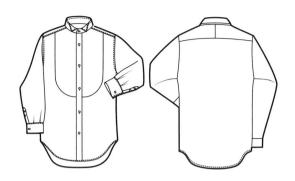

图 3-14　燕尾服衬衫

同时在前中线采用明贴边，贴边两侧的褶裥数在 6～10 个之间，也可以根据材质的不同确定褶裥的数量，现在更多的做法是用成型褶裥面料或者用有纹理的面料代替打褶裥（图 3-15）。

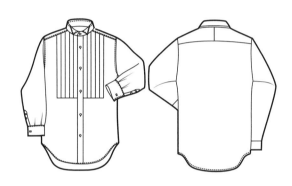

图 3-15　塔士多礼服衬衫

　　燕尾服衬衫衣身纸样和日间礼服衬衫的做法相同，只是多了胸挡的纸样变化。

　　胸挡参数设计在前肩线三等分，靠近颈侧点的三等分点向下作垂直线，第三扣位与第四扣位之间 1/2 处作水平线与之相交得一直角，直角两边各取 8cm 抹圆，得到前胸 U 字形胸挡（图 3-16）。

　　塔士多衬衫纸样设计的重点也是在胸挡上，与燕尾服衬衫不同的是，不用抹去 8cm 的圆角，直接做成直角。明贴边两侧做褶裥，数量在 6～10 个，也可以根据材料而定，直接按照纸样裁出不同花式褶裥或用专制的胸挡材料（图 3-17）。

　　燕尾服衬衫和塔士多衬衫的袖子、袖克夫、翼领的纸样参数设计与礼服衬衫通用。

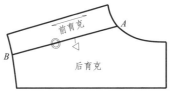

衬衫完整育克

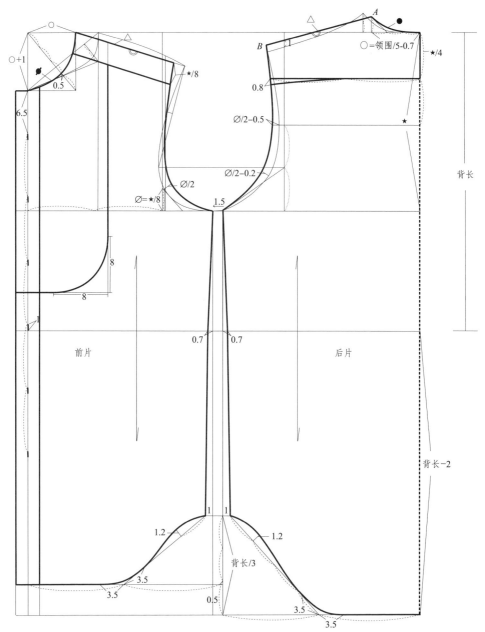

图 3-16 燕尾服衬衫衣身纸样参数设计（规格：175/94A6）

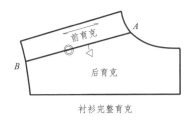

衬衫完整育克

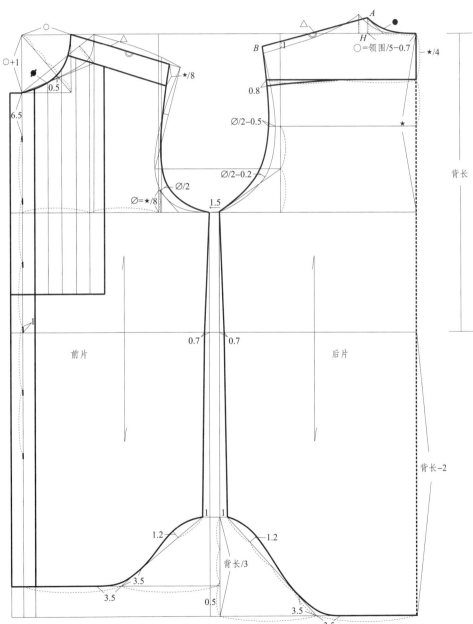

图3-17 塔士多衬衫衣身纸样参数设计（规格：175/94A6）

第4章 衬衫纸样自动生成系统检验及调整

衬衫纸样设计自动生成系统是依托于 AutoCAD 2010 平台，利用工具 Visual Lisp 和 Open DCL，以衬衫纸样设计专家知识为核心技术，开发的傻瓜式操作系统。PDS 系统的成功，为衬衫定制纸样设计系统的建立打下了坚实的基础，相对而言，衬衫在板型方面更加单纯，因此在这样一个成熟的计算机平台上，衬衫 PDS 系统的开发会更加方便和完善。整个 PDS 系统的成功与否，关键在于专家知识的建立是否正确和完备，这需要一个反复检验和修正的过程。在第3章中，已经通过反复的手工制板、调整，得出了衬衫纸样设计参数化的专家知识，但是这样的专家知识生成的纸样是否准确，是否符合定制产品的需求，须对本系统产生的成果进行科学的适应性评价，再对基础专家知识进行检验和调整，使本程序设计更加可靠和完备。

4.1 衬衫纸样自动生成系统的计算机技术与专家知识接口

第二代衬衫定制 PDS 系统是在 AutoCAD 的环境平台上，运用 Visual Lisp 和 Open DCL 的开发工具实现的，在这样的技术支持下，依据衬衫专家知识的"关系式机制"实现接口，建立起衬衫定制的软件体系结构。

4.1.1 系统开发的环境平台与工具

4.1.1.1 系统开发环境平台 AutoCAD

经过第三代西装定制 PDS 程序的成功验证，证明了 AutoCAD 这个系统环境的稳定性、可靠性和便捷性。AutoCAD 系统有很好的人性化用户界面，可以通过简单的交互菜单或者命令进行操作，从 20 世纪 80 年代美国 Auto Desk 公司的一个简单的绘图程序软件包，已经发展成为国际上广为流行的绘图工具。本系统运用的是 AutoCAD 2010 的版本，该版本在 2009 年 3 月 23 日发布，引入了自由形式设计工具和参数化绘图功能，这对我们使用该软件进行更高效地设计和软件的二次开发起到了很重要的作用。而且，该版本的 AutoCAD 软件在服装制板软件的设计上有它独特的优势。

功能强大的矢量图形绘制、编辑功能和参数化绘图功能。AutoCAD 在图形开发上是出色的产品，支持图形的位置变换、延伸、拷贝、缩放等基本操作，对矢量图的扭曲、变换、拼接、切换操作更流畅，而服装纸样设计就需要这样强大的功能支撑，对于纸样设计来说是非常实用和高效率的。另外，其参数化绘图功能，可以进行水平、竖直、平行、垂直、相切、圆滑、同点、同线、同心、对称等方式的几何约束，以及图元的尺寸大小约束。几何约束和尺寸约束能够让图元对象保持特定的关系或尺寸不变，而这正是服装纸样设计中基本线型之间的基本关系的最直接表述方式。

开放的体系结构、兼容性和二次开发的可定制性提供了本系统开发的良好平台。AutoCAD 可以兼容新旧版本不同格式的图形文件，进行图形数据交换。开放的体系结构，可以使开发者使用内嵌的 Visual Lisp 语言或者其他脚本语言进行二次开发，这就使得专家知识在服装纸样设计的自动化生成技术能够得以实现。

4.1.1.2 系统开发工具 Visual Lisp 与 Open DCL

首先，Visual Lisp 是 AutoCAD 内部的解释性程序设计语言工具，是 Auto Lisp 的换代工具，但同时又具有兼容性，是进行 AutoCAD 编程二次开发不可缺少的工具，可以实现直接增加或修改 AutoCAD 命令，随意扩大图形编辑功能，建立图形库和数据库并对当前图形进行直接访问和修改，开发 CAD 软件包等。其次，Visual Lisp 对于源程序保密性强，再加上其应用程序的交互性良好，因此它可以调用几乎所有的 AutoCAD 命令来实现其强大的图形显示、编辑和处理能力。另外，Visual Lisp 能够提供标准 Windows 安装界面，安装方便。对于二次开发的人员，Visual Lisp 既是 Lisp 编辑器又是编译器，它提供一套简单的可视环境去开发和维护原有的 Auto Lisp 源程序，比其他的 AutoCAD 二次开发语言（Auto Lisp、ADS、Visual Lisp、Object、ARX）更灵活、更高效、更易用。

相对传统的依靠开发者手工写入代码来实现程序的二次开发的麻烦，或者可以改善运用其他开发工具 Visual Basic for Applications（VBA）的数据交换的不稳定性，Open DCL 是更适合和先进的开源软件，且是免费的，能够提供可视化界面定制工具。Open DCL 提供丰富的窗体控件，以及与之对应的函数和属性操作，这些功能支持使用 Visual Lisp 工具直接控制和操作，提供了便捷的数据交换和通信的能力。或许这正是本系统开发更加可靠、稳定和快捷的保证。

4.1.2 软件体系结构与系统工作流程

4.1.2.1 软件体系结构

支持衬衫定制纸样设计专家知识的软件系统基于 AutoCAD 平台，主要有两大部分组成：人机界面即用户界面和库系统。用户界面是连接用户与库系统的中间纽带，用户能够通过这个界面对各库进行操作和控制，用户界面包括款式设计、尺寸输入，以及之后的纸样设计和纸样生成四个部分。库系统包括数据库系统、模型库系统、专家知识库系统和方法库，整个库系统就是纸样设计和生成的知识库。系统体系结构示意图如图 4-1 所示。

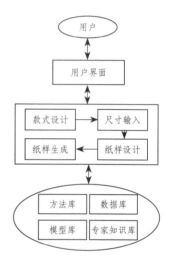

图 4-1 软件体系结构示意图

4.1.2.2 系统工作流程

本系统工作流程图可以参照第 2 章图 2-2，用户在进入系统操作前，要先进行问题描述，如款式选择、尺寸数据输入、体型判断、板式选择等，在款式数据模块中选取标准款式类别，然后再进行款式细节设计，细节包括领型、门襟、口袋、袖克夫和背褶等，用户确认过这些细节后，接下来是基础尺寸数据输入环节，包括围度尺寸，如颈围、胸围和腕围等；长度尺寸，如身高、衣长和袖长等。板型设计中宽松版、标准版、合体版和偏瘦版，在此基础上还可以进入高级程序，进行高级纸样调整，确认后纸样自动生成。为确保纸样在技术上的正确性，该纸样还要通过最后的综合评价参数的确认。这一系列工作都是由计算机自动完成的，由此初始样板生成，用户确认，满意即可制作样衣，试样调整，交付成品。若不满意对问题进行重新描述，再重复工作流程自动生成（参见图 2-2）。

4.2 衬衫纸样自动生成系统的结果与验证

基于内穿衬衫初级专家知识的建立和 PDS 系统的计算机技术成功接口，建立了初级的衬衫 PDS 系统，即初级程序，一方面可以检验衬衫专家知识的正确性与合理性，另一方面也可以检验 PDS 程序的便捷度和可靠度。

4.2.1 衬衫纸样设计系统界面

依据目前总结的衬衫专家知识建立了简单的初级程序，包括量体参数输入界面（图 4-2）、款式设计系统界面（图 4-3）、各部件选择界面（图 4-4）和纸样生成界面（图 4-5）。

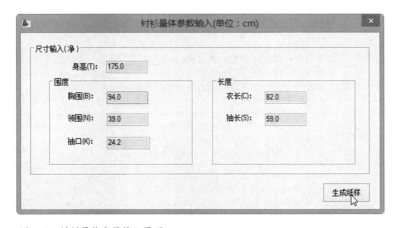

图 4-2 衬衫量体参数输入界面

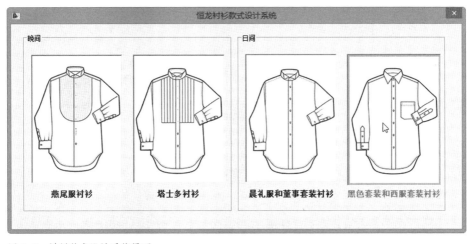

图 4-3 衬衫款式设计系统界面

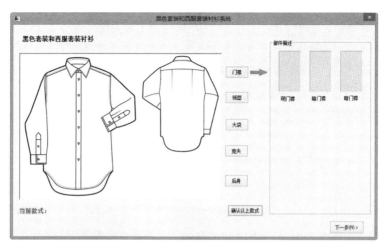

图 4-4 衬衫部件选择界面

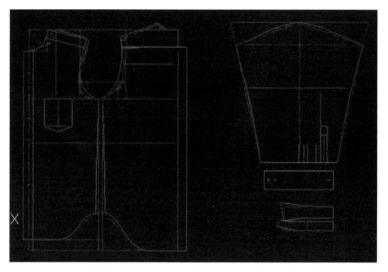

图 4-5 衬衫纸样生成界面

由于初级程序内容还不够完善和丰富，只是搭建了一个基础框架，因此在各部件选择的界面中目前显示的都属于标准款式，在跟进的高级程序设计中会把所有的部件款式变化添加完善。

4.2.2 衬衫定制纸样自动生成系统实验

在确定初级程序的编写没有技术问题之后，将系统自动生成的纸样制成成品，进行第一次验证。

验证的目的主要是为了检验以下内容：纸样中的比例关系和常量的设定对于不同的号型是否合理，领口弧线、翻领与底领起翘量参数的设计对于不同号型的适用度，袖子、袖克夫纸样的比例关系对于不同号型是否匹配，圆摆设计、扣位、袖开衩、搭门量对于不同号型是否合适。

验证方法：要检验该系统是否能达到基本号型覆盖范围，确定相对具有代表性的四个身高、胸围、领围关键尺寸组合的各不相同男性模特 A、B、C、D 作为验证对象。按照规定操作程序，在尺寸输入界面输入各自尺寸后，点击生成纸样，自动生成各自纸样，根据这些纸样在企业制作成衣，之后试穿检测效果，得出验证结论。

初级程序验证的标准衬衫款式四种验证对象保持一致，提高可比性（图 4-6）。

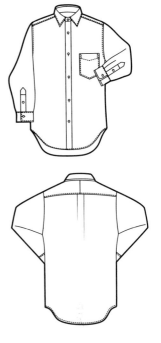

图 4-6 "标配"程序验证确定标准衬衫款式

初级程序验证的对象尺寸基本参数如表 4-1 所示。工艺要求（参照香港诗阁衬衫品牌的工艺标准）：针距密度 24 针 /3cm；工艺为握手缝，侧缝缉明线 0.2cm、育克 0.1cm、袖窿 1cm；衣领标准企领，内烫领衬，底领、翻领缉明线 0.1cm 和 0.5cm；明门襟款式，缉明线 0.1cm；贴袋缉明线 0.1cm 和 0.5cm；袖克夫缉明线 1.2cm 和 0.1cm；底摆为弧形卷边工艺，缉明线 0.2cm。

样衣制作于杭州恒龙服饰有限公司，采用定制流程完成（图 4-7）。

表 4-1 "标配"程序验证定制成品基本参数　　　　单位：cm

实验对象	身高	胸围	领围	衣长	袖长	腕围	面料 / 颜色	成品效果
A	175	88	38.5	75	60	25	棉 / 粉色	

实验对象	身高	胸围	领围	衣长	袖长	腕围	面料 / 颜色	成品效果
B	170	96	40	80	63	24.2	棉 / 蓝白条纹	
C	180	108	45	80	64	27	棉 / 黑灰条纹	
D	182	98	42	78	62	27	棉 / 蓝色	

正面

侧面

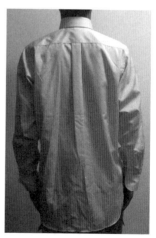

后面

图 4-7　验证成品 A 与 D 成衣效果

4.2.3　系统验证结果

如图 4-7 所示，为验证对象 A 的成衣制作效果展示。

通过整个系统运作过程及验证 A、B、C、D 四个对象的试衣评价：

就系统程序而言，操作方便，程序稳定，生成纸样准确；就样衣试穿结果而言，整体大小合适，领部舒适，与西装领部匹配特别出色，无紧张感或过于宽松；门襟、扣位合适。

问题：袖克夫偏大，衣身下半部分偏肥大，不够合体，但作为宽松版衬衫可以接受。

4.3　衬衫"标配"专家知识的调整与完善

针对系统验证结果，需要对衬衫初级专家知识进行适当的调整。主要有两个方面，一是调整袖克夫的松量参数，二是针对衣身的合体度进行宽松版、标准版、合体版和偏瘦版同规格不同合体度的系列纸样参数设计。

4.3.1　袖克夫松量的调整

袖克夫松量初级专家知识参数关系式为腕围加上 10cm，再加上 2cm 搭门获得，松量偏大，调整松量为 8cm，因此调整后袖克夫关系式为：长度 = 腕围 +8cm+2cm，同时袖片袖口尺寸也随之减小 2cm（图 4-8）。

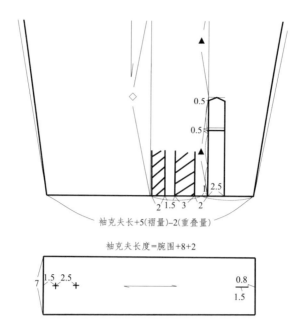

图4-8 袖克夫松量和袖片参数的调整

4.3.2 衣身合体度系列纸样参数设计

衣身合体度的调整，事实上为衬衫个性定制系列纸样参数拓展设计确立了基础板型。通过对专家知识初始衣身下部肥大问题的分析，得出结论：衣身松量的胸围和臀围稍有所区别，因为衣身的合体与否还与定制者本身的体型结构以及喜好有很大关系，所以这里把衬衫衣身的板型分为四种：宽松版、标准版、合体版和偏瘦版，在纸样上进行适应性参数设计，以满足不同体型和偏好消费者的要求，同时也能解决衣身下部偏肥的问题。

宽松版：把初级专家知识中的衣身纸样作为宽松版，纸样上没有变化，此时的松量仍为17cm。

标准版：在宽松版衣身纸样的基础上，从背中褶裥的右顶点，到底边逐渐消减褶裥量，拉出一条斜线作为新的后中线，并将后片的纱向与新的后中线平行。后背育克线后袖窿线上收省0.8cm形成的弧线，在育克线后中点收大约0.5~0.8cm省并圆顺成弧线，且保证该条弧线与新的后中线垂直。在侧缝部分，原来的宽松版是从侧中点向左收1.5cm，也就是在基本纸样松量的基础上减少3cm，现在标准版的松量要在基本纸样松量的基础上减少6cm，即一般向左收3cm，再按照原来的制图步骤形成新的侧缝线和前袖窿弧线。理论松量为14cm（图4-9）。

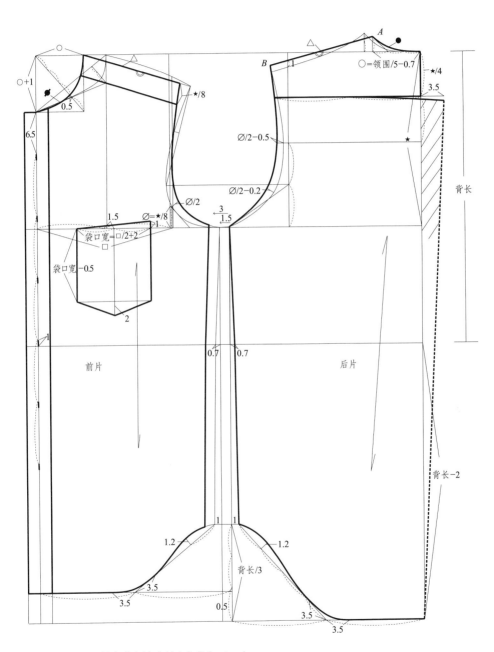

图 4-9 标准衬衫纸样参数设计（理论松量为 14cm）

合体版：合体版比标准版更加合身，是在标准版的基础上即从侧缝顶点处向左收 3.5cm，同时向右收 0.5cm，其他参数和标准版相同。理论松量为 12cm（图 4-10）。

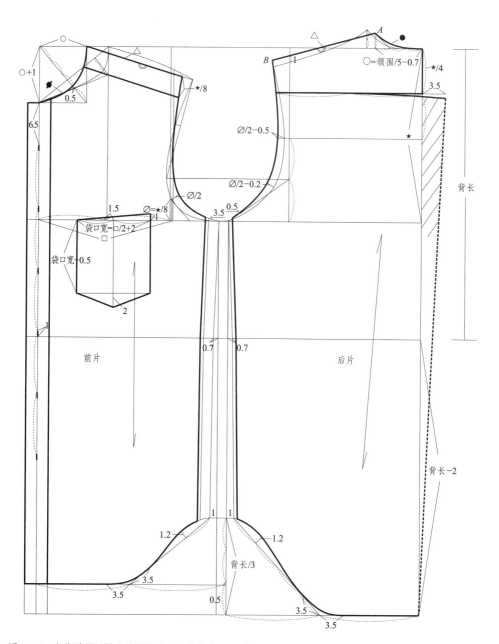

图 4-10 合体衬衫纸样参数设计（理论松量为 12cm）

偏瘦版：偏瘦版是在合体版的基础上再收 0.5cm，即在侧缝顶点处向左收 4cm，其他参数与合体版相同。理论松量为 11cm（图 4-11）。

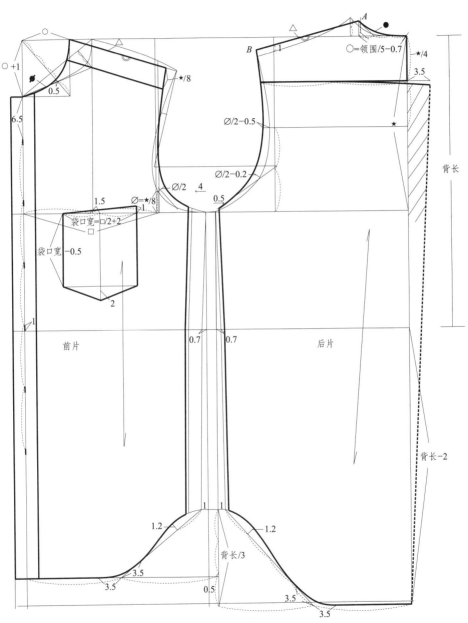

图 4-11　偏瘦衬衫纸样参数设计（理论松量为 11cm）

第 5 章 衬衫 TPO 知识系统指导下的款式部件纸样设计专家知识

在确认初级专家知识的验证与调整之后，进入高级专家知识整理升级阶段，主要目的是拓展衬衫定制更广泛的个性需求。为了强调它的专业性和品质特点，需要以衬衫 TPO 知识系统作为指导，加入更多的部件款式变化和纸样优化调整与参数设计。

衬衫的款式变化与外穿衬衫、西装和休闲服装不同，它作为配服要受到外穿西服和社交惯例的制约，因此衬衫各部件的细节设计、不同的部件款式之间按照一定的规则和客观需求（个体条件的改变）相互组合，得到新的衬衫款式。在纸样设计上，各部件的纸样设计与整体纸样的基础数据之间也相互联系，即比例关系和多米诺律相关贯穿始终。依据 TPO 知识系统和设计规则的导入，使衬衫款式的组合更加丰富却又不会增加系统的复杂程度。总结出衬衫的领型、门襟、口袋、袖克夫和背褶五个关键部件的款式变化与纸样设计专家知识关系式参数。

5.1 衬衫款式设计的 TPO 知识系统导入

衬衫款式设计模块是在 TPO 国际惯例和礼仪级别指导下进行的，对于衬衫而言主要引入了晚礼服衬衫，即燕尾服衬衫和塔士多礼服衬衫、日间礼服衬衫和普通衬衫的 TPO 知识，这对于客户如何针对不同场合选择什么样的衬衫，以及 PDS 系统中细节部件的选择有着重要的指导意义。

5.1.1 晚礼服衬衫 TPO 知识

晚礼服衬衫，包括燕尾服衬衫和塔士多礼服衬衫。

标准燕尾服衬衫是双翼领，U 字形凸纹硬衬胸挡，法式袖克夫，无背褶，前短后长的圆形底摆（图 5-1）。燕尾服衬衫的个性化款式设计主要集中在各部件的变化规律上，首先就是领型的变化，燕尾服衬衫的领型有古典风格的翼领和现代风格的企领两种变化趋势。翼领可分为大翼领、小翼领、圆形翼领三种领型，基本不受流行趋势的影响；企领的变化主要在领角，有锐角、方角、钝角和圆角，它们会根据流行趋势的变化而变化，也可以根据客户的需求进行选择。第二个重要的变化元素是袖克夫，优雅高贵的双层袖克夫是燕尾服衬衫的"黄金搭档"，不过晚礼服衬衫也可以选择单层袖克夫，有内敛优雅的暗示。不管是双层还是单层袖克夫，在款式上还可以根据流行选择方角、圆角和切角。其中，方角双层袖克夫是最高标准。第三个变化元素是晚礼服衬衫的标志胸挡设计，它可以使胸部平整，是绅士服文化积淀下来的高雅符号。标准的燕尾服衬衫胸挡是 U 字形设计，历史悠久，传统的上浆工艺古老而考究，从而成为经典。现代的胸挡多采用专制的成品，形状上也有很多变化，如长方形、鼓形、梯形等。第四个变化元素是衬衫的肩育克及背褶，对于礼服衬衫有无背褶均可，但大多数情况下由于穿礼服时有抑制运动的功能，所以无背褶的情况更为普遍。有背褶的设计可以分为单褶、双褶和碎褶，可根据喜好和流行来选择。育克是与衬衫相伴而生的，可分为有缝育克和无缝育克两种。有缝育克是由于前育克线取直丝造成育克从后中破缝成为左、右育克，工艺稍微复杂，但是从正面看更为平整，尤其是带有花纹的衬衫，因此常视为定制衬衫的符号。无缝育克是由于后育克线取直丝，所以不需要后中破缝，对于单一颜色的面料，无缝育克既工艺简单，又好看。

燕尾服衬衫还有一个比较容易忽略的变化元素是门襟，晚礼服衬衫的门襟要更讲究，它必须要用专门的胸扣固定于明门襟上，扣眼也有圆形和长方形两种。燕尾服衬衫胸挡第三粒扣的下面一般会设计一个有两个扣眼的扣襻，这个扣襻是与裤子门襟上的扣子扣合用的，这样则可以避免大幅度的活动造成衬衫从裤腰口滑脱出来而造成的尴尬。更多情况下，晚礼服衬衫用暗门襟，纽扣藏于内部（图5-1）。

塔士多礼服衬衫是仅次于燕尾服衬衫的晚礼服衬衫，其亦有胸挡但形制不同。塔士多衬衫为花式胸挡，级别低于燕尾服衬衫的素面胸挡，随着工艺和材料科学的进步也出现了多样化发展。花式胸挡不仅在形状上有很多变化，而且在面料风格上也有更多的选择。其他变化元素都可以和燕尾服衬衫通用：塔士多衬衫的领型可以在翼领和企领之间选择，而且企领系列成为主流；在袖克夫的选择上，单层袖克夫在塔士多礼服衬衫的应用中有上升的趋势。相对于燕尾服衬衫，塔士多衬衫在个性化设计上更加多变和灵活，因此，在现今的主流社交中，塔士多衬衫实际上成为主导（图5-2）。

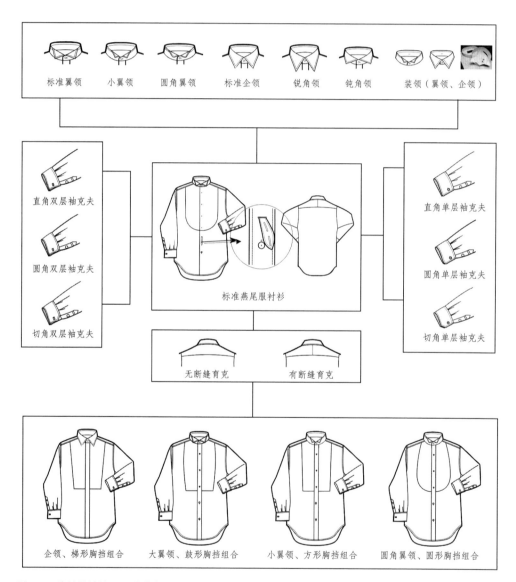

图5-1　燕尾服衬衫 TPO 全信息

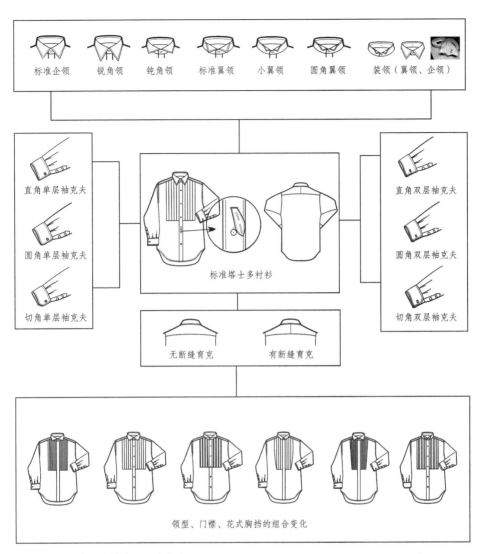

图 5-2　塔士多礼服衬衫 TPO 全信息

礼服衬衫只能选择白色，面料也只能采用棉布或者亚麻布、或者高品质的长绒棉，不能随意变化。

5.1.2　日间礼服衬衫 TPO 知识

日间礼服衬衫主要与晨礼服和董事套装搭配穿着，与晚礼服衬衫相比，它们没有华丽的胸挡，素胸无胸袋设计是区别晚礼服衬衫的标志。这与日间礼服衬衫需要搭配阿斯科特领巾或领带和高开领背心有关。日间礼服衬衫的标准款式：翼领、双层或单层袖克夫、明门襟、剑型袖衩。但是企领和单层袖克夫在日间礼服衬衫中的应用日益广泛而成为主流款式。

领型作为款式变化的第一元素，翼领高贵正式，但企领在礼服衬衫中利用率日益提高，受流行的影响，与领巾、领带的宽窄，打结匹配的方式等有更多的个性选择从而受到欢迎。企领的变化规律是标准企领的开角在 70° 左右，在此基础上，又可以变化出尖角领、直角领、钝角领。另外，还有特殊的带孔饰针领和扣襻领，它们多与牧师衬衫组合使用（白领、浅蓝衣身配色礼服衬衫）。尖角领的领尖狭长，张口在 60° 以下，两个领角之间的距离为 7.5 ~ 9cm。钝角领，又叫温莎领，领角张开大于 70°，一般与宽大的温莎结配合使用，由于出身高贵，具有贵族气质。圆角领是具有常春藤风格的怀旧复古风格的领型，通常有孔针饰领组合。扣襻领和饰针领都是为了支撑和提高领带结的饱满度采用的装置机关，但扣襻领更加隐蔽内敛，具有质朴的英国绅士风格，而饰针领是地道的美国风格，是一种显性装置。

袖克夫在日间礼服衬衫中，配有链扣的单层袖克夫和双层袖克夫是标准，但是朴素实用的筒型袖克夫也被广泛应用。筒型袖克夫指用袖扣固定且呈圆筒形状的单层袖克夫，有方角、圆角、切角和袖克夫宽窄的变化。

其他的款式变化元素，如门襟、育克和背褶的变通规则、方法与正式礼服衬衫通用，只在风格上稍显朴素（图 5-3）。

5.1.3　普通衬衫 TPO 知识

普通衬衫一般与公务商务用西服套装搭配穿着，属于衬衫的基本形制，企领、筒型袖克夫、左胸剑型贴袋、明门襟、衣身前短后长圆摆。同时大部分日间礼服衬衫变化的元素都可以使用，翼领和胸挡属被禁用之列，普通内穿衬衫的款式变化束缚更小、更加灵活。

普通衬衫在领型和袖克夫上的变化，主要是企领领型和筒型袖克夫的变化，其中筒型袖克夫又分为单扣、调节扣和双扣的区别。可用礼服元素的，参考日间礼服衬衫部分。门襟设计分为明襟明扣、暗襟明扣和明襟暗扣三种。背后通常作有褶设计，分为单褶、双褶或缩褶。育克同样分为断缝育克和无断缝育克两种。左胸的口袋设计可以作上口线斜口设计，也可以作水平设计，口袋造型设计为尖角、切角和圆角三种。

普通衬衫常采用的元素打散重构的综合设计方法并不是随意的，而是有规律的，级别越高的元素变化重组越要谨慎，级别越低的元素变化重组则越灵活；低级别衬衫运用高级别元素容易成功且有变化，礼仪级别高的衬衫运用低级别元素则要慎重。因此，普通衬衫运用礼服衬衫的元素会更加保险且有变化（图 5-4）。

图 5-3 日间礼服衬衫 TPO 全信息

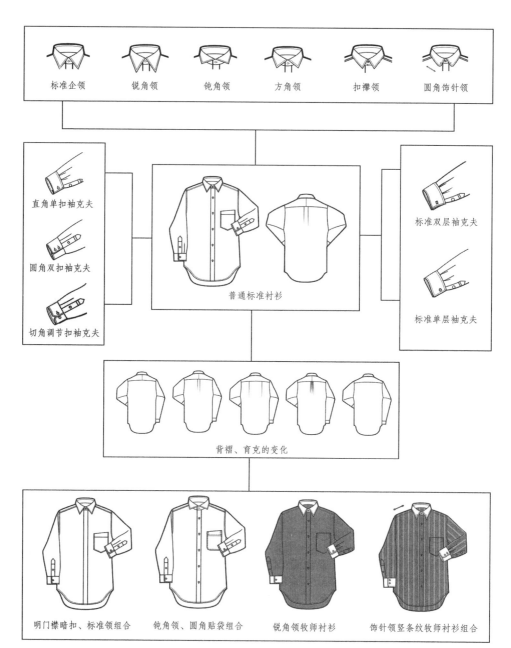

图 5-4 普通衬衫 TPO 全信息

5.2 衬衫领型变化的参数设计

领子是衬衫的灵魂。据调查，初次见面的人 70% ～ 80% 的视线会集中在人的肩膀以上的部位，衬衫与西装搭配形成关键的"V 型区域"，因此领子是衬衫纸样设计中的第一设计要素。按照款式造型分类，分为立领、翼领和企领，以下从这三种基本领型的变化规律进行纸样设计专家知识的参数分析。

5.2.1 立领变化的参数

立领是服饰进入有领时代的古老形态，翼领、企领等都是从立领发展延伸的产物，因此对立领纸样的分析研究是其他领型研究的基础。对于衬衫而言，立领可以分为有扣立领和无扣立领（图5-5）。

图5-5 衬衫有扣立领与无扣立领

有扣立领是立领的常规形式，与企领的底领做法相似，首先作底领辅助线，即作长度为1/2前领口弧长+后领口弧长的水平线，右端点为后中对位点，从该点垂直向上截取3.3cm为立领的宽度，该宽度也可以根据顾客的喜好自行选择，一般要低于分体企领的翻领宽度。

然后三等分底领辅助线，以左三等分点为圆心。以1/3线段长为半径画弧，再以底领辅助线左端点向上取弧长1.2cm为底领翘量，并向前延伸1/2搭门量。在此三等分线段的两个等分点处作此线的下垂线，并分别取0.4cm和0.5cm为底领下口弧线的轨迹点，过此轨迹点和前、后中对位点作平滑曲线与底领辅助线相切，完成底领下口弧线。

在搭门与前中线的汇合点向上作底领下口弧线的垂线，长度为2.5cm为立领的前领宽。底领辅助线二等分点作上垂线与立领上辅助线相交与一点为N，连接此点到前领宽端点得一线段，在此线段的左1/3点垂直向下取0.2cm得到立领上口弧线的轨迹点，连接右上端点、轨迹点和点N作一平滑曲线完成方角立领；领角处抹1cm圆角，完成圆角立领参数设计（图5-6）。

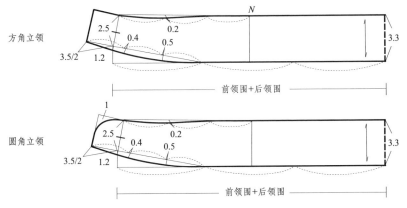

图5-6 有扣立领纸样参数设计

无扣立领纸样参数设计的底领辅助线和后中线的绘制方法与有扣立领相同，由于无扣立领不需要搭门量，因此只在有所影响的局部作微调处理，结构特点类似有扣圆角立领（图5-7）。

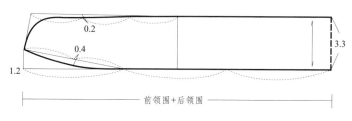

图5-7　无扣立领纸样参数设计

5.2.2　翼领变化的参数

翼领多用于礼服衬衫，按照领角变化可分为标准翼领、大翼领和圆角翼领（图5-8）。

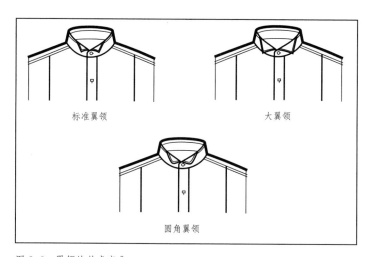

图5-8　翼领的款式变化

翼领纸样设计的重点在于领角大小和形状的变化，这些变化以及取值范围在第3章中的礼服衬衫部分有详细的介绍（参见图3-10）。需要补充的是，在定制衬衫中，传统的翼领通常才用可拆装结构。将翼领单独用上浆工艺制作，穿着时与有扣立领衬衫配合，将单独的翼领通过专门的扣子固定在后中位置，把翼领装配在立领的外围，前中处也通过相同的方法固定（图5-9）。

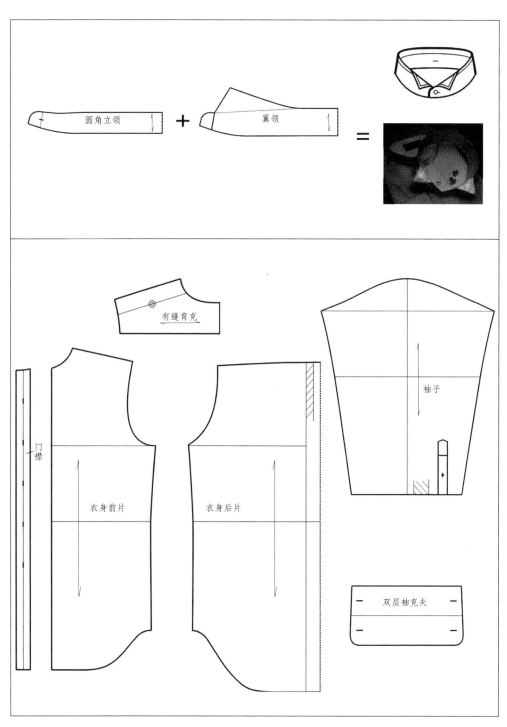

图 5-9　拆装翼领衬衫纸样组合

圆角立领

翼领

有缝育克

门襟

衣身前片

衣身后片

袖子

双层袖克夫

5.2.3　企领变化的参数

企领为满足抱颈合体和立挺的要求，采用分体是它的理想结构，且被视为它的标准板型。就企领而言，是在立领的基础上添加翻领作为领面形成的，锐角、直角到钝角只是指翻领中领角的造型设计。衬衫领子设计的比例关系及造型规律，也表现在其中。企领变化的具体参数设计在第3章中有详细阐述，这里需要强调的是，当底领向左延伸3.5cm/2的搭门量时，根据胸围的变化有适当的调整，即胸围≥94cm时，取3.8cm/2；胸围＜94cm时，取3.5cm/2。

标准企领，把翻领的左上顶点的直角坐标定位点 O，作该直角平分线的延长线，在该延长线上取值，取值区间为0～4cm为 OP，当 OP 取2cm时，为企领标准领。

尖角企领，当 OP 取值为2～4cm时，为尖角领。

直角企领，当 OP 取值为0时，为直角领。

钝角企领，作直角相邻直角的平分延长线取0～4cm为 OP'。当 OP' 取值在0～2cm之间时为小钝角领，当 OP' 取值达到4cm时为大钝角领（图5-10）。

企领衬衫除领角变化之外，还有圆角、切角的变化，在第3章中均有阐述（图3-6）。

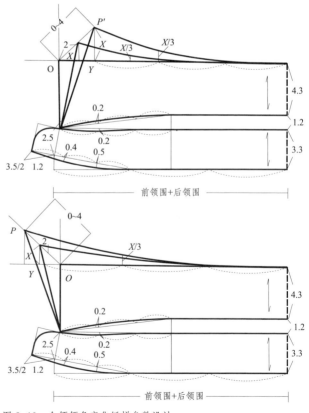

图5-10　企领领角变化纸样参数设计

5.3　门襟的变化与纸样设计

无论是普通衬衫还是礼服衬衫，门襟只在三种款式之间变化，即明门襟明扣、明门襟暗扣和暗门襟明扣，且明门襟暗扣多用于礼服衬衫（图5-11）。

衬衫门襟的纸样参数设计主要依据其在制作工艺上的区别。暗门襟与明门襟的贴边量不同，明门襟根据工艺要求分两种裁法，即分裁和连裁；暗门襟结构简单只采用连裁的方法，即在前衣身中线处放出贴边量（图5-12）。

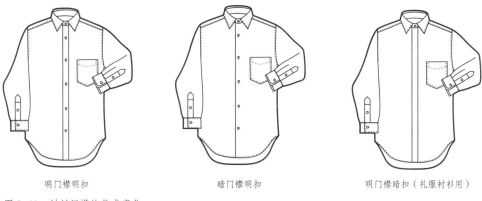

明门襟明扣　　　　　　　　暗门襟明扣　　　　　　明门襟暗扣（礼服衬衫用）

图5-11　衬衫门襟的款式变化

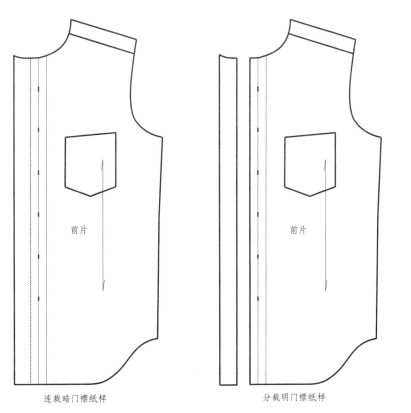

前片　　　　　　　　　　　　　　　　前片

连裁暗门襟纸样　　　　　　　　　　分裁明门襟纸样

图5-12　门襟变化纸样设计

5.4　口袋变化的参数设计

内穿衬衫作为西装的配服，口袋的实际作用并不大。因此，在礼服衬衫中完全失去了它的功能，而多用于普通衬衫中。首先它在公务商务中有时会因脱掉外衣而单独使用（如休闲商务等）；单独使用时，口袋的形状变化对衬衫的整体风格起着协调的作用，根据常规，可分为斜口口袋款式系列和平口口袋款式系列（图5-13）。

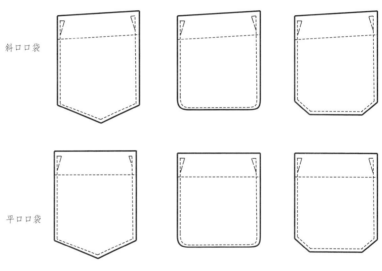

图5-13　衬衫口袋的款式变化

5.4.1　斜口口袋变化的参数

斜口剑型口袋是衬衫口袋的标准款式，纸样参数设计在第3章标准衬衫衣身部分已有详细介绍，并成为其他款式口袋参数设计的基础（图5-14）。

斜口圆角口袋与斜口剑型口袋的区别在口袋下端部分。参数调整是在斜口剑型口袋纸样最低点向上1cm作水平线，延长口袋的两侧线，在两底

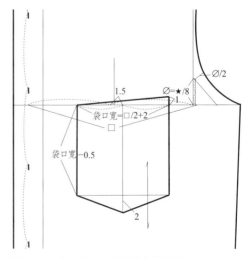

图5-14　斜口剑型口袋纸样参数设计

角的位置分别作 1.5cm 的圆角处理
（图 5-15）。

斜口切角口袋参数调整是在斜口圆角口袋的基础上，在抹角的部位作 1.5cm 的切角设计（图 5-16）。

5.4.2 平口口袋变化的参数

在现代生活中，衬衫中应用最多的还是平口口袋设计，斜口口袋的设计被看作是一种考究和崇英的标志，在定制中还是曲高和寡。平口口袋款式变化为主流，不过两种袋型变化规律相同。

平口剑型口袋参数调整是将斜口剑型口袋按照右端点把袋口拉平，然后再整体将袋身上移 1cm，其他参数相同（图 5-17）。

平口圆角口袋是在斜口圆角口袋参数的基础上调整成平口尺寸并整体上移 1cm（图 5-18）。

平口切角口袋是在斜口切角口袋参数的基础上调整成平口尺寸并整体上移 1cm（图 5-19）。

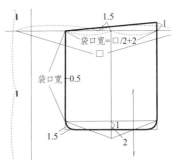

图 5-15　斜口圆角口袋纸样参数设计

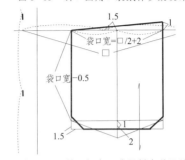

图 5-16　斜口切角口袋纸样参数设计

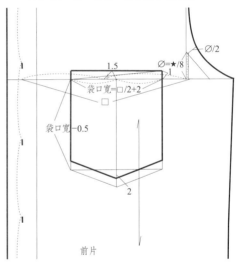

图 5-17　平口剑型口袋纸样参数设计

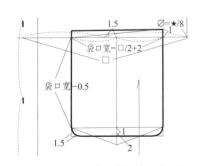

图 5-18　平口圆角口袋纸样参数设计

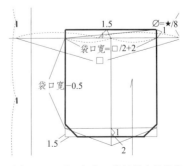

图 5-19　平口切角口袋纸样参数设计

5.5 袖克夫变化的参数设计

袖克夫是衬衫的第二大设计元素，和领型共同构成定制衬衫的精致与品位的标志，而袖克夫的变化相对丰富且隐蔽。在款式变化上与领子一样也有既定的套路（TPO 规则）。按照结构形态可以分为双层袖克夫、单层袖克夫和筒型袖克夫。双层袖克夫与单层袖克夫都属于礼服级别的袖克夫类型，变化规律与筒型袖克夫变化元素相同仅限于角的样式。不同的筒型袖克夫还可以根据调节扣和纽扣的数量变化出更多的类型。主要款式变化为一扣式、调节扣式和两扣式，一般调节扣式袖克夫不用在礼服衬衫中（图 5-20）。

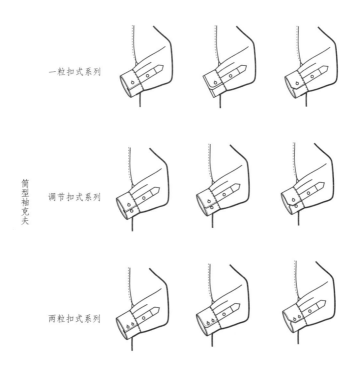

图 5-20　衬衫筒型袖克夫的袖扣款式系列

在第 3 章中，无论是双层、单层袖克夫，还是筒型袖克夫的纸样参数设计，都有详细的阐释（参见图 3-5、图 3-11、图 3-12），这里仅补充筒型袖克夫两粒扣纸样参数。它是在一粒扣筒型袖克夫纸样参数的基础上，将两粒扣位重新设计完成的，但基本参数要保持一致，如搭门量和方角、圆角和切角的取法（图 5-21）。要注意的是，这种情况通常是在长袖规格并加宽筒型袖克夫时才用。

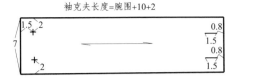

图 5-21　衬衫两粒扣袖克夫纸样参数设计

5.6　背褶变化的参数设计

背褶虽然在普通衬衫和礼服衬衫中都可以运用，但依据社交惯例，通常礼服衬衫不设背褶，背褶的变化主要在无褶、单褶、双褶和缩褶之间（图 5-22）。

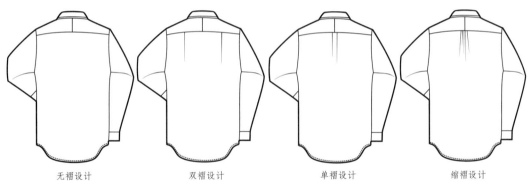

| 无褶设计 | 双褶设计 | 单褶设计 | 缩褶设计 |

图 5-22　衬衫背褶的款式变化

无背褶衬衫纸样参数设计是将普通单褶衬衫纸样参数中 3.5cm 的背褶量去掉，由于缩小了活动量，所以无背褶衬衫用于礼服衬衫的参数设计（图 5-23）。

单褶设计为标准衬衫纸样的典型参数之一，具体纸样参数设计在第 3 章与第 4 章中均有详细介绍，也是其他背褶变化参数设计的基础。

双褶参数设计是将单褶总量 7cm 分成两个单褶取 3.5cm 分散到育克的两侧位置，在现代生活中这种设计更显实用且运用更加普遍（图 5-24）。

缩褶设计与双褶纸样参数相同，只是把双褶打褶符号换成缩褶的符号，并移到中间部位（图 5-25）。

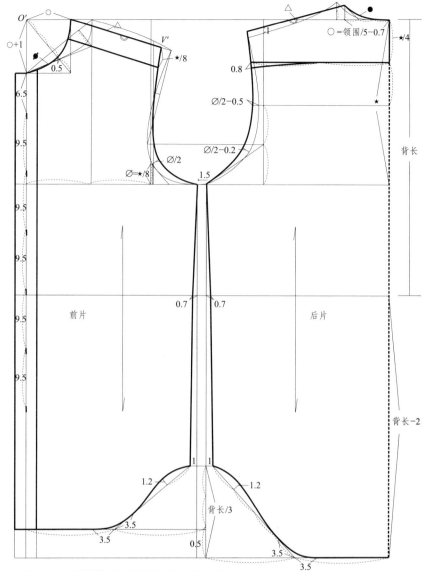

图 5-23 无背褶衬衫衣身纸样参数设计（规格：175/94A6）

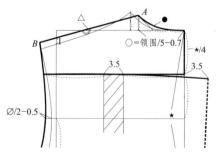

图 5-24 双背褶衬衫纸样参数设计

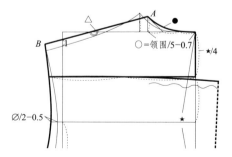

图 5-25 后背缩褶衬衫纸样参数设计

第 6 章 衬衫纸样自动生成升级系统检验及专家知识的完善

在衬衫 TPO 知识系统的全面导入和指导下，对衬衫纸样设计自动生成系统初级专家知识的修正和完善，完成了衬衫各部件的款式设计与纸样参数设计完整的专家知识体系，并再次通过计算机程序调整和完善，完成了升级版衬衫定制操作系统。本章将通过一系列实验对衬衫 PDS 升级系统进行再次验证，并对验证结果进行综合分析，对系统调整完善，使之成为更加专业、可靠、实用的衬衫定制操作系统。

6.1 衬衫纸样自动生成升级系统及检验

6.1.1 衬衫定制纸样自动生成升级系统

在初级系统的基础上，导入更加完备的 TPO 款式设计系统，这样系统的款式设计界面就更加专业、规范而丰富，这是本衬衫定制系统提升品牌化、高端化和国际化的重要标志。操作系统，首先进入的是衬衫（TPO 指导下的）款式设计模块界面。在款式界面中按照礼仪级别共有三大类可供选择：普通衬衫、日间礼服衬衫和晚礼服衬衫，其中晚礼服衬衫又分为塔士多衬衫和燕尾服衬衫（图 6-1）。

相对于初级系统而言，升级系统不仅在衬衫等级品类上增加了，而且在各部件的变化上也更加丰富和完善，且操作界面更加友好，可选择其中任何一个想要更多了解的款式信息。当进入"普通衬衫"选项时，会产生下拉界面的普通衬

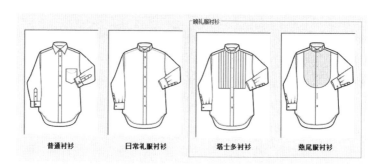

图 6-1　衬衫升级版款式设计界面

衫，在普通衬衫中部件款式上的变化，包括门襟、领型、口袋、袖克夫、后背育克和褶，每个部件都有可选择符合 TPO 规则要求的款式变化，基本涵盖了衬衫 TPO 知识系统所有的款式可能，尤其是领型和袖克夫的变化最为专业而丰富，基本类型有九种，按照这样的排列组合方式，仅普通内穿衬衫这一项就有 9072 种不同的款式，这样强大的款式系统就为高级定制的个性客户提供了更多选择，且不违背规则。如果不做任何选择直接点击"下一步"，系统会默认该类型衬衫为标准、经典的款式，若一直这样走下去的话便自动生成一个经典、保险、优雅的"黄金组合衬衫方案"（图 6-2）。

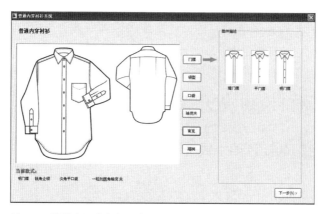

图 6-2　衬衫升级系统普通衬衫的部件款式选择界面
（其中"平门襟"为暗门襟明扣）

在客户进行各部件的选择时，左下角的红色字体"当前款式"下方会显示出客户当前所选的部件款式，在这个选择的过程中可以修改选择，选择完毕之后进入下一步尺寸输入界面，也就意味着进入了衬衫定制的核心模块"纸样设计模块"。在尺寸输入环节需要注意的是，这里的围度尺寸都需要提供净尺寸，放松量由专家知识的参数设计提供更科学和规范的"板型设计"界面。对于输入袖口尺寸有两种方法，一种是客户直接提供惯用的袖口尺寸，另一种是测量出净腕围，然后加上 10cm。其他尺寸按照测量净尺寸或客户提供尺寸输入（图 6-3）。

尺寸输入完成之后，进入下一个"板型设计"选择界面，这一环节是根据第一次验证的结果进行调整之后增加的部分。由于每个客户体型的差异以及个人偏好、习惯等，对衬衫松量的选择有所不同，依据第一次实验的穿着体验和衬衫定制品牌管理的市场调查，分出了四种衬衫松量的板型设计：宽松版、标准版、合体版和偏瘦版（图 6-4）。

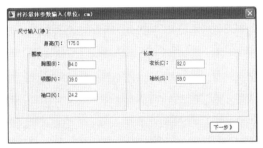

图 6-3　衬衫升级系统尺寸输入界面

图 6-4　衬衫升级系统松量选择板型设计界面

以上操作程序可以多次反复，最终取得满意后确认，点击"生成纸样"，系统就会自动进入纸样生成界面，即时生成客户需要的纸样（图 6-5）。

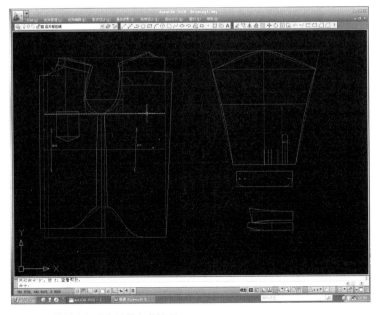

图 6-5　衬衫升级系统纸样生成界面

进入本系统客服档案数据库或整个升级版的衬衫定制 PDS 的操作流程，在纸样生成之后，如果还有具体的问题需要核对调整，可以回到任何需要调整的界面，反复多次修改并最终确认后，可以连接包括任何一个服装 CAD 或通用标准打印机打印纸样，或存档投入生产。

6.1.2 衬衫定制纸样设计升级系统检验

按照上述的操作方法，做一组实验来检验衬衫定制 PDS 升级系统的成果，与初级系统成果检验具有代表性和覆盖率指标不同，本次采用随机抽样验证成功率。随机抽取三名不同体型尺寸的实验参与者作为测试对象，由于在初级 PDS 系统实验中，所用板型都属于宽松版，因此在此次实验中在板型的选择上主要测试标准版、合体版和偏瘦版，用以测试新增加的不同板型的专家知识是否可靠。而且在此次实验中，部件款式的选择上也增加了多样性，基本可以覆盖 TPO 知识的标准款式，这样就能够更全面地检验所有部件款式设计专家知识系统的适应性。

实验中需要被测者提供必要的人体尺寸，样本选择必须是随机的才更具可靠性，如表 6-1 所示。

表 6-1　衬衫 PDS 升级系统实验被测者必要的人体尺寸信息　　单位：cm

身体部位	身高	胸围	领围	衣长	袖长	腕围
被测者甲的尺寸	170	96	40	80	63	24.2
被测者乙的尺寸	170	92	39	80	62	25
被测者丙的尺寸	175	90	38	80	60	24

甲、乙、丙三名实验者，每名实验者可以选择不同的部件款式，为了验证系统的可靠性，尽可能涉及所有的衬衫品类与款式，包括具体的衬衫类型款式、部件的款式特点、面料颜色要求等信息，如表 6-2 所示。

工艺要求参照香港诗阁衬衫品牌的工艺标准。针距密度 24 针 /3cm；缝份为握手缝；侧缝缉明线 0.2cm，育克 0.1cm，袖窿 1cm；衣领为标准企领，内烫领衬，底领、翻领缉明线 0.1cm 和 0.5cm；明门襟，缉明线 0.1cm；贴袋缉明线 0.1cm 和 0.5cm；袖克夫缉明线 1.2cm 和 0.1cm；弧形底摆卷边，缉明线 0.2cm。实验衬衫样衣制作由杭州恒龙公司完成（图 6-6、图 6-7）。

表 6-2　衬衫 PDS 升级系统实验款式细节信息　　　　　单位：cm

类别	名称	款式图	具体细节特点	颜色
礼服衬衫	燕尾服衬衫（甲）		普通翼领，双层方角袖克夫，硬衬胸挡，育克破缝，后背无褶，明门襟明扣	白色
	塔士多衬衫（甲）		大翼领，褶裥胸挡，双层切角袖克夫，育克破缝，后背无褶，明门襟明扣	白色
	日间礼服衬衫（乙）		圆角翼领，双层圆角袖克夫，育克破缝，后背无褶，明门襟暗扣	白色
普通内穿衬衫	钝角领衬衫（乙）		钝角企领，单层圆角袖克夫，育克破缝，后背单褶，暗门襟明扣	蓝白条纹
	带领扣衬衫（丙）		带扣领角，筒型圆角袖克夫，育克破缝，后背双褶，明门襟明扣	蓝白条纹
	标准衬衫（丙）		标准领，斜口切角口袋，筒型切角袖克夫，育克破缝，后背缩褶，明门襟明扣	蓝白条纹

6.2 衬衫纸样自动生成升级系统检验结果评价

按照以上的实验方法，运用衬衫定制工艺标准制作样衣，并请实验参与者亲自试穿。通过实际的试穿效果观察和实验者的亲身体验，对自动生成纸样制作的衬衫进行评价，主要侧重于整体感官、尺寸松量合适度、领子袖子等关键部位的穿着舒适度等方面。如果仍然存在问题则需要找出问题的根源，据此再次对纸样的专家知识进行调整。

从本次实验结果来看，成衣基本上达到了预期的效果，六件衬衫的松量尺寸规格与预期相同（图6-6、图6-7）。实验者穿着效果评价，领子、袖口大小合适，尺寸松量本次选择的是标准版，较之前的宽松版能够满足不同风格的需求，且下摆臀围宽松的问题得到解决，穿着者评价良好。此次系统出板成衣效果得到实验者的一致认可，升级版衬衫定制 PDS 系统初步测试结果证明自动出板至成衣制作总体高于手工制板的成功率，证明衬衫定制升级版 PDS 系统专家知识的可行性与可靠性。

根据实际需要，对现有的操作系统进行功能上的升级，添加了系统自动生成的尺寸核对表格以及自动分片功能。这样更加节省了后期人工测量复核尺寸以及分片的人力成本，由于目前几乎所有的 CAD 系统都有很先进的自动添加缝份的功能，所以本系统不必加入这个环节，可以直接将现有的分片结果导入其他服装 CAD 添加缝份和排料系统（图6-8、图6-9）。

图6-6 升级版衬衫 PDS 系统五种实验成品

衬衫定制 PDS 系统经过两次的调试检验和升级完善，已具备市场化标准和要求。该系统并不是一个封闭的系统，它是可以根据实际需求和数据库的不断庞大进行自动更新的一个不断完善的开放系统，随着使用次数的增加，数据模型的积累，该系统会更加强大。衬衫定制 PDS 系统建立的最终目的是应用于衬衫定制店、个性衬衫定制高端品牌生产，甚至网上定制模式中，实现真正意义上的数字化定制 TPO 国际化和专家知识制板的全新概念，这便是本系统最具创新和市场潜质的地方。

图 6-7　标准实验成品效果

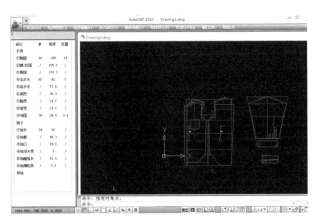

图 6-8　升级 PDS 系统尺寸核对功能

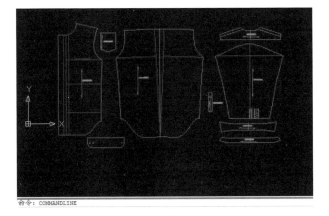

图 6-9　升级 PDS 系统自动分片功能

第7章 结 论

衬衫定制纸样设计自动生成专家知识研究成果（该成果在 2015 年 12 月获得国家技术发明专利），是对第一代衬衫 PDS 系统的改进升级，在技术和研究方法上借鉴了第三代西装 PDS 的研究成果（该成果在 2006 年已获得国家技术发明专利）。同时，该研究是与衬衫国际市场和企业紧密结合的一个应用型研究成果，对其纸样设计专家知识的核心技术进行了企业化品牌验证，使专家知识的总结在产品和市场的要求下提升了专业的数字化和网络运营功能，并能够使该系统在高端衬衫定制市场上更好地推广和占领衬衫定制的数字与网络开发模式的高地。

纸样设计专家知识是衬衫 PDS 系统建立的核心技术，专家知识中的多米诺律设计思想，是整个衬衫纸样设计数字化模型构建专家知识系统的灵魂；比例原则和平衡原则是专家知识总结的两大基本原则和方法，它们是纸样设计数字关系科学性、合理性的保证；常量控制是纸样设计专家知识总结影响纸样结构的关键性技术，可谓画龙点睛之笔。这些设计思想、原则和关键技术使专家知识总结更加合理、便捷、可靠，使衬衫定制 PDS 系统运行更加稳定。

衬衫定制 PDS 系统框架主要有三个部分构成：款式设计选择模块、尺寸输入模块和纸样设计生成模块，该系统是利用 AutoCAD 2010 计算机软件环境平台，运用 Visual Lisp 和 Open DCL 开发工具，使衬衫定制纸样设计系统专家知识与程序设计成功接口。虽然在软件环境平台和开发工具上，这些技术并不是最先进和流行的，但根据第三代西装 PDS 系统和第一代衬衫 PDS 系统的成功经验与我们的实际操作可以发现，这些技术更容易成功实现衬衫纸样设计智能化操作功能（傻瓜式操作功能），也说明了重专家知识是服装软件开发的基础和核心，软件技

绅士衬衫下 衬衫定制纸样设计与自动制板系统

72

术只是实现的工具，实用可靠比流行高级更有价值。

衬衫定制系统是专门为内穿衬衫高级定制企业量身打造的一套纸样自动生成系统。该系统相对于第一代衬衫PDS研究成果，在衬衫设计模块上做出了重大突破。第一，在款式设计模块，导入了具有国际化、专业化、品牌化的TPO知识系统，并且在系统的款式选择中加入了"禁忌"搭配的排除功能，能够更好地指导并控制用户自主设计不当的组合和选项，特别是为那些非专业的客户提供更加智能、专业、可靠的操作平台，使衬衫款式有更加多样的款式设计但不会出错，在多米诺思想和技术的支持下，排列组合的设计方案丰富可靠功能强大，且有规律可循。第二，在尺寸参数输入模块增加了"板型设计"选项，使衬衫个性定制适应达到全覆盖：人体关键数据的输入包括人体围度（胸围、颈围、腕围）和长度（衣长、袖长）与一个参考性数据身高。这只是常规数据的操作，生成的板型也是默认板型设计选项，如果客户有个性板型的需求，在这个模块中设置了四种不同松量的衬衫板型，顾客可以根据自己的体型和喜好进行松量的控制，使自动生成的纸样更加适应不同体型的个性化需求，真正实现智能化"量体裁衣"。第三，在纸样设计生成模块，根据多次的实验和调整后，在领围曲线的确定、不同板型的松量控制以及衬衫部件的纸样设计上都做出了精细的设计，使生成板型更加细致耐看，凸显了定制品牌的特质。第四，在本系统的界面设计上，力求感官更加直观、专业和准确，在衬衫款式图的设计、准度表达、细部绘制等方面达到了国际行业先进水平，并得到业内普遍高度评价。

衬衫定制纸样设计自动生成系统通过款式的设计选择、顾客量体尺寸的输入和板型选择的傻瓜式操作，可以准确迅速生成所需纸样，在实现顾客高端化、专业化、个性化品牌服务体验的同时，提高了成功率，也大大提高了效率。目前服装CAD的发展，PDS智能技术顺应了当前个性化定制行业和电子商务蓬勃发展的趋势，它将成为衬衫定制企业走网上定制模式和非专业傻瓜式操作技术的必然出路。这一成果的突破在服装CAD／PDS系统智能操作的前沿技术中具有指标意义，其中专家知识的"多米诺律思想"和TPO知识系统导入相结合机制，为该技术今后在定制行业中的高新技术研发与推广做出了前瞻性的探索。

参考文献

［1］ X. Liu，G. Dodds，J . McCartney，B. K . Hinds. Virtual Design Works — designing 3D CAD models via haptic interaction［C］. 2006，58：1573-1582.

［2］ Cally Blackman. One Hundred Years Of Menswear［M］. UK：Laurence King Publishing Ltd，2009.

［3］ Tom Julian. Nordstrom guide to Men's Style［M］. United States：Inc，2009.

［4］ T.Kirstein，S.Krzywinski. Pattern construction for close-fitting garments made of knitted fabrics［C］. Melliand Text Textile Reports 1999，80（3）：46-48.

［5］ Cynthin L.Istook，enabling mass customization：Computer-driven alternation methods［C］. //International Journal of Clothing Science and Technology . Volume 14. 2002.

［6］ D.W. 罗尔斯顿 . 人工智能与专家系统开发原理［M］. 沈锦泉，袁天鑫，等译 . 上海：上海交通大学出版社，1991.

［7］ 中泽　愈 . 人体与服装——人体结构·美的要素·纸样［M］. 袁观洛，译 . 北京：中国纺织出版社，2000.

［8］ 刘瑞璞，黎晶晶 . 纸样设计的比例原则和数字化实现［C］. //2005 现代服装纺织高科技发展研讨会论文集 . 天津：天津工业大学，2005.

［9］ 尹芳丽 . 企业化西装定制纸样设计自动生成系统专家知识研究［D］. 北京：北京服装学院，2013.

［10］ 崔丽娜 . 简述服装 CAD 的发展历史与趋势［J］. 山东纺织经济，2009（5）：108-109.

［11］ 许才国，鲁兴海 . 高级定制服装概论［M］. 上海：东华大学出版社，2009.

［12］ 王燕珍 . 男衬衫样板参数化智能生成研究［J］. 上海纺织科技，2008，7：8-11.

［13］ 刘瑞璞 . 成衣系列产品设计及其纸样技术［M］. 北京：中国纺织出版社，1998.

［14］解晓君．衬衫领纸样的结构设计［J］．青岛大学学报，2013，03.

［15］赵晓玲，刘瑞璞．变形亚基本纸样袖窿弧线内凹量专家知识建立［J］．北京服装学院学报，2006，09.

［16］刘红晓，陈丽．男衬衫过肩工艺动作分析及优化［J］．广西工学院学报，2011，12.

［17］徐则勤．男衬衫款型与号型规格及下摆样式的配伍［J］．上海纺织科技，2011，06.

［18］叶菁．浅析袖子纸样的构成要素［J］．辽宁丝绸，2009，02.

［19］张燚．男式衬衣衣领结构的合体性研究［D］．武汉：武汉纺织大学，2011，06.

［20］杜红艳．服装CAD技术在服装定制系统中的应用研究［J］．山东纺织科技，2011，05.

［21］胡长鹏．西装纸样设计智能生成系统自动化设计［D］．北京：北京服装学院，2011，06.

［22］郭新梅，袁观洛．浅述男式衬衫的源流［J］．丝绸，2004，2：44-45.

［23］刘云华．红帮裁缝研究［M］．杭州：浙江大学出版社，2009.12.

［24］张鸿志．服装结构数字化设计新发展．2005现代服装纺织高科技发展研讨会［C］．天津：天津工业大学，2005（3）.

［25］刘瑞璞．男装纸样设计原理与应用［M］．2版．北京：中国纺织出版社，1993：16，17.

［26］王永刚，刘瑞璞．白衬衫到白领的文化蜕变［J］．中国纺织，2010，2：101-103.

［27］万岚．男内穿衬衫PDS智能化专家知识研究［D］．北京：北京服装学院，2008，3.

［28］章琦，张文斌，张渭源．服装PDS纸样自动生成专家系统的研究［J］．中国纺织大学学报，2000，10.

［29］黎晶晶．西装PDS智能化专家知识研究［D］．北京：北京服装学院，2005，3.

［30］王艳辉，刘瑞璞，邱佩娜．西装纸样设计中的专家知识及其数字化实现［J］．北京服装学院学报（自然科学版），2010，30（3）：10-17.

［31］侯月玲．服装纸样发展趋势智能化纸样［J］．陕西纺织，2008（2）：37-38.

［32］高维，张鸿志．服装纸样参数化设计的应用分析［J］．天津纺织科技，2007（02）.

［33］胡长鹏，张巨俭，刘瑞璞．基于VLISP和Open DCL的西装智能CAD系统的实现［J］．天津工业大学学报，2010，29（5）：33-36.

附录1 衬衫个性化定制纸样设计自动生成系统实验案例

一、初级衬衫定制 PDS 系统实验案例

1. 四例代表性体形样本成品实验信息表（附表 1-1）

附表 1-1　实验信息表　　　　　　　　　　单位：cm

实验对象	身高	胸围	领围	衣长	袖长	腕围	面料 / 颜色	成品效果
A	175	88	38.5	75	60	25	棉 / 粉色	
B	170	96	40	80	63	24.2	棉 / 蓝白条纹	

实验对象	身高	胸围	领围	衣长	袖长	腕围	面料／颜色	成品效果
C	180	108	45	80	64	27	棉／黑灰条纹	
D	182	98	42	78	62	27	棉／蓝色	

2. 初级定制衬衫 PDS 系统生成步骤演示

（1）款式选择界面：进行款式设计选择，初级系统实验选择标准衬衫款式（附图1-1）。

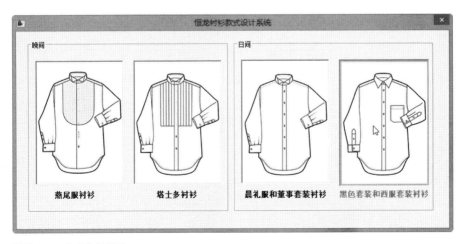

附图1-1　款式选择界面

（2）尺寸输入界面：对量体者的尺寸信息进行录入，确认无误后点击"生成纸样"（附图1-2）。

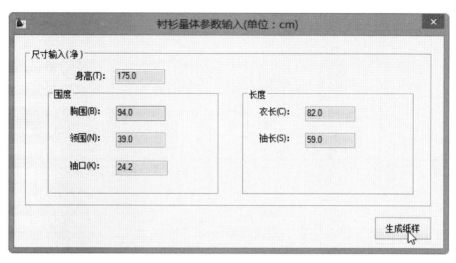

附图1-2　尺寸输入界面

（3）部件款式选择界面：进行各部件款式的选择，初级系统只提供默认部件款式，直接点击"下一步"（附图1-3）。

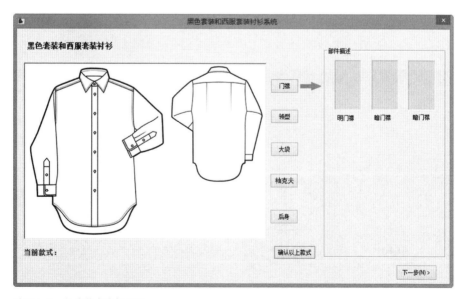

附图1-3　部件款式选择界面

（4）纸样生成界面：自动生成纸样（附图1-4）。

附图1-4　纸样生成界面

3. 成品效果展示

利用自动生成纸样进入手工制作环节，也可以链接"生产系统"进入高级成衣生产线流程。对成品进行评价、提出修改方案，并成为"升级版"系统的调整依据（附图1-5）。

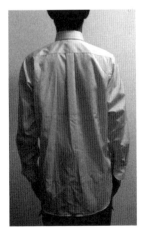

正面　　　　　　　　　　侧面　　　　　　　　　　后面

附图1-5　成品效果与评价

二、升级衬衫定制 PDS 系统实验案例

1. 三例随机体形样本六件成品实验信息表（附表 1-2、附表 1-3）

附表 1-2　衬衫定制 PDS 升级系统实验被测者人体必要尺寸信息表　　单位：cm

部位	身高	胸围	领围	衣长	袖长	腕围
被测者甲	170	96	40	80	63	24.2
被测者乙	170	92	39	80	62	25
被测者丙	175	90	38	80	60	24

附表 1-3　衬衫定制 PDS 升级系统实验款式（代表性六款）细节信息表

类别	名称	款式图	具体细节特点	颜色
礼服衬衫	燕尾服衬衫（甲）		普通翼领，双层方角袖克夫，硬衬胸挡，育克破缝，后背无褶，明门襟明扣	白色
	塔士多衬衫（甲）		大翼领，褶裥胸挡，双层切角袖克夫，育克破缝，后背无褶，明门襟明扣	白色
	日间礼服衬衫（乙）		圆角翼领，双层圆角袖克夫，育克破缝，后背无褶，明门襟暗扣	白色

类别	名称	款式图	具体细节特点	颜色
普通内穿衬衫	钝角领衬衫（乙）		钝角企领，单层圆角袖克夫，育克破缝，后背单褶，暗门襟明扣	蓝白条纹
	带领扣衬衫（丙）		带扣领角，筒型圆角袖克夫，育克破缝，后背双褶，明门襟明扣	蓝白条纹
	标准衬衫（丙）		标准领，斜口切角口袋，筒型切角袖克夫，育克破缝，后背缩褶，明门襟明扣	蓝白条纹

2. 升级衬衫定制 PDS 系统生成步骤演示

（1）款式选择界面：进行款式选择（附图 1-6）。

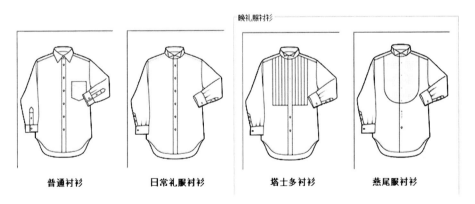

附图 1-6　款式选择界面

（2）部件款式选择界面：普通衬衫各部件的款式选择（附图 1-7）。

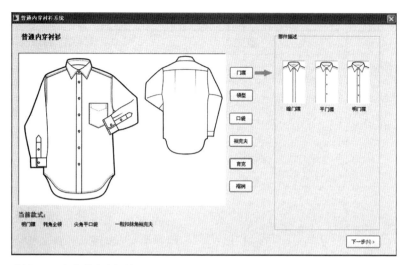

附图 1-7　部件款式选择界面

（3）尺寸输入界面：输入实验被测者尺寸（附图 1-8）。

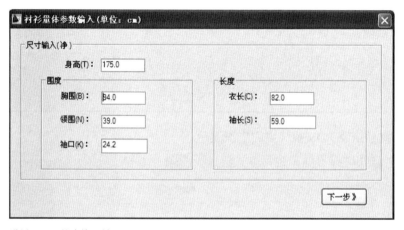

附图 1-8　尺寸输入界面

（4）板型设计界面：根据实验需要进行板型设计选择（可选择四种松度板型设计，附图 1-9）。

（5）纸样生成界面：点击"生成纸样"后，自动生成纸样（生成普通款标准版，附图 1-10）。

（6）纸样分片界面：点击"纸样分片"，自动生成净样板（生成普通款标准版分片纸样，附图 1-11）。

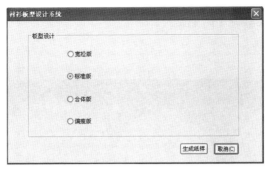

附图 1-9　板型设计界面

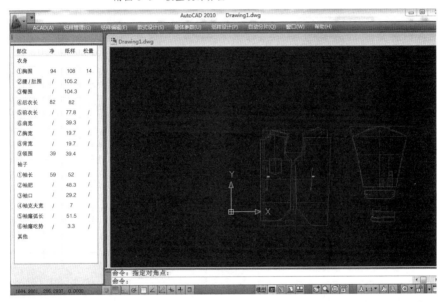

附图 1-10　纸样生成界面

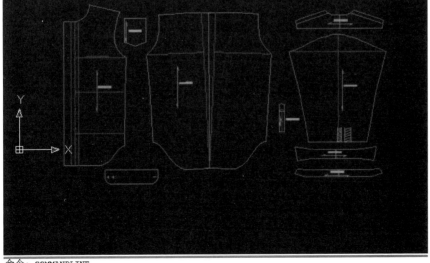

命令：COMMANDLINE

附图 1-11　纸样分片界面

3. 升级系统成品展示（附图 1-12）

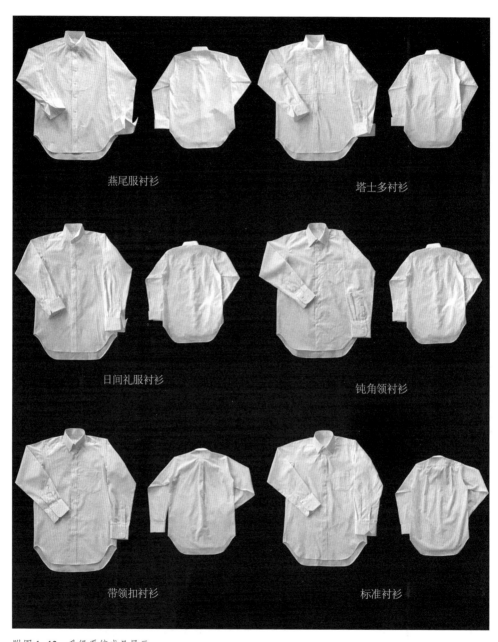

燕尾服衬衫　　　　　　　　　塔士多衬衫

日间礼服衬衫　　　　　　　　钝角领衬衫

带领扣衬衫　　　　　　　　　标准衬衫

附图 1-12　升级系统成品展示

附录 2　定制衬衫纸样设计专家知识板型汇总

一、普通衬衫标准款式与板型

1. 普通衬衫标准款式（附图 2-1）

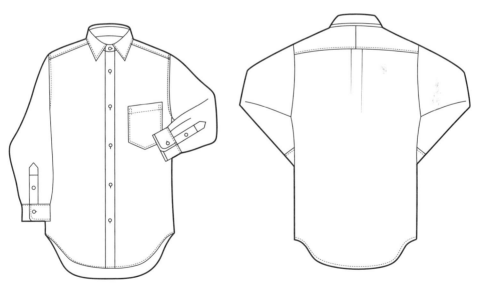

附图 2-1　普通衬衫标准款式

2. 衬衫基本纸样（附图 2-2）

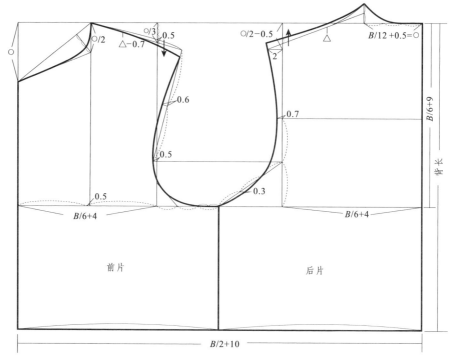

附图 2-2 衬衫基本纸样

3. 普通衬衫板型（衣身与袖子，附图 2-3）

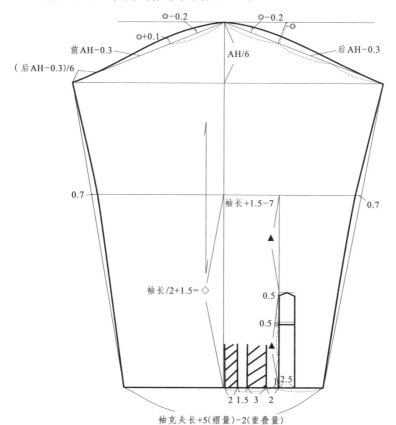

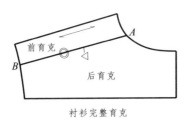

衬衫完整育克

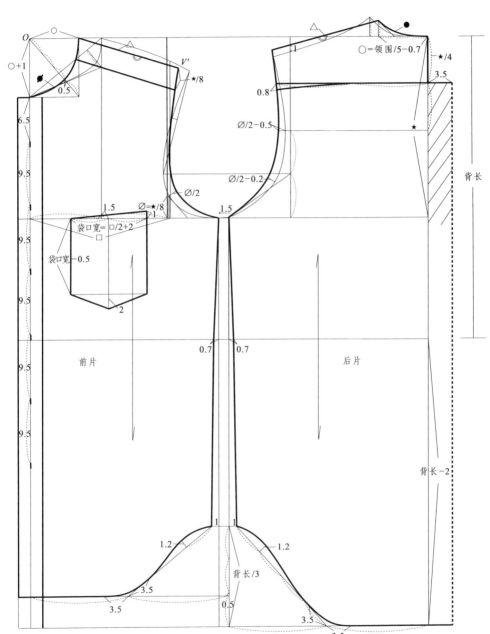

附图 2-3　普通衬衫板型（衣身与袖子）

4. 普通衬衫领型的变化及板型

领型的款式变化如附图2-4所示。

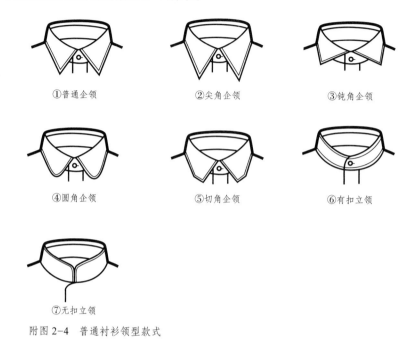

①普通企领　　　　　②尖角企领　　　　　③钝角企领

④圆角企领　　　　　⑤切角企领　　　　　⑥有扣立领

⑦无扣立领

附图2-4　普通衬衫领型款式

不同款式对应的不同板型如附图2-5所示。

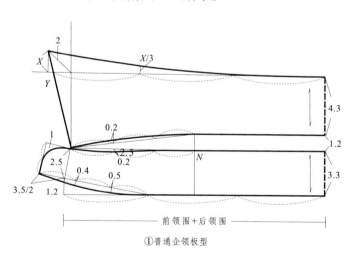

①普通企领板型

绅士衬衫 下　衬衫定制纸样设计与自动制板系统

88

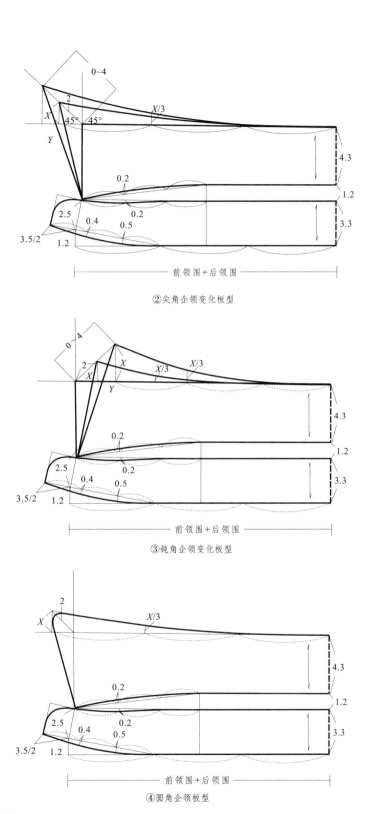

②尖角企领变化板型

③钝角企领变化板型

④圆角企领板型

附图 2-5

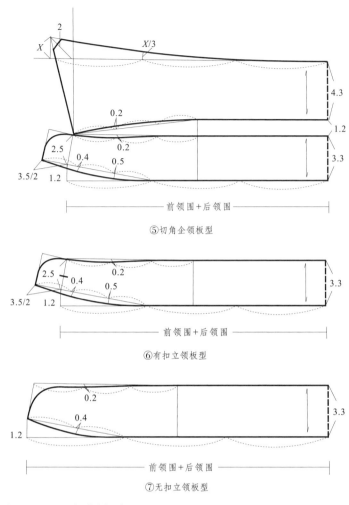

⑤切角企领板型

⑥有扣立领板型

⑦无扣立领板型

附图 2-5　不同领型的板型

5. 普通衬衫袖克夫的款式变化及板型

普通衬衫袖克夫的款式变化如附图 2-6 所示。

①筒型方角袖克夫

②筒型圆角袖克夫

③筒型切角袖克夫

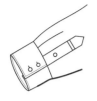
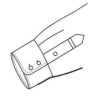
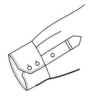

④筒型两粒扣方角袖克夫　　　　⑤筒型两粒扣圆角袖克夫　　　　⑥筒型两粒扣切角袖克夫

⑦单层方角袖克夫　　　　　　　⑧单层圆角袖克夫　　　　　　　⑨单层切角袖克夫

附图 2-6　普通衬衫袖克夫款式

普通衬衫袖克夫对应的板型变化如附图 2-7 所示。

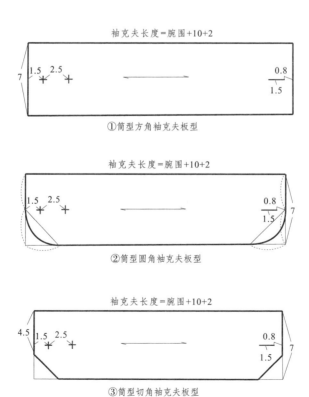

附图 2-7

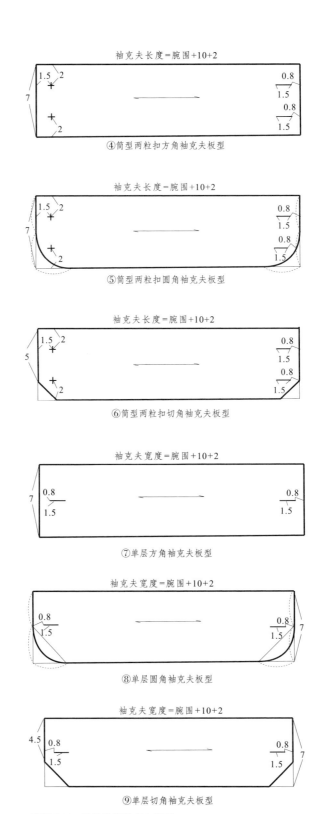

袖克夫长度＝腕围＋10＋2

1.5　2

0.8
1.5

0.8
1.5

7

④简型两粒扣方角袖克夫板型

袖克夫长度＝腕围＋10＋2

1.5　2

0.8
1.5

0.8
1.5

7

⑤简型两粒扣圆角袖克夫板型

袖克夫长度＝腕围＋10＋2

1.5　2

0.8
1.5

0.8
1.5

5

⑥简型两粒扣切角袖克夫板型

袖克夫宽度＝腕围＋10＋2

0.8
1.5

0.8
1.5

7

⑦单层方角袖克夫板型

袖克夫宽度＝腕围＋10＋2

0.8
1.5

0.8
1.5
7

⑧单层圆角袖克夫板型

袖克夫宽度＝腕围＋10＋2

4.5

0.8
1.5

0.8
1.5
7

⑨单层切角袖克夫板型

附图2-7　普通衬衫袖克夫板型

6. 普通衬衫口袋的款式变化及板型

普通衬衫口袋的款式变化如附图2-8所示。

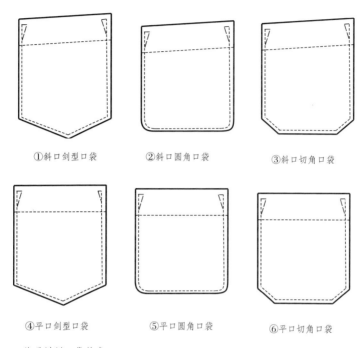

①斜口剑型口袋　　②斜口圆角口袋　　③斜口切角口袋

④平口剑型口袋　　⑤平口圆角口袋　　⑥平口切角口袋

附图2-8　普通衬衫口袋款式

普通衬衫口袋对应的板型变化如附图2-9所示。

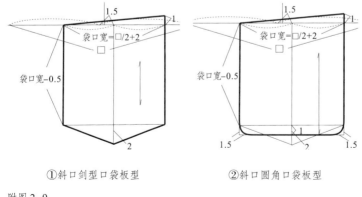

①斜口剑型口袋板型　　②斜口圆角口袋板型

附图2-9

附录2　定制衬衫纸样设计专家知识板型汇总

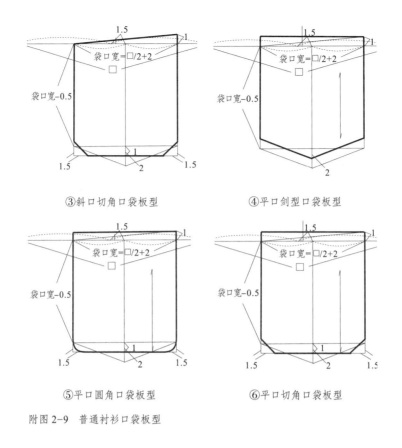

③斜口切角口袋板型　　　　　④平口剑型口袋板型

⑤平口圆角口袋板型　　　　　⑥平口切角口袋板型

附图 2-9　普通衬衫口袋板型

7. 普通衬衫背褶的款式变化及板型

普通衬衫背褶的款式变化如附图 2-10 所示，普通衬衫背褶对应的板型变化如附图 2-11 所示。

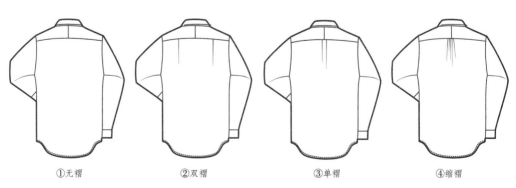

①无褶　　　　　②双褶　　　　　③单褶　　　　　④缩褶

附图 2-10　普通衬衫背褶款式

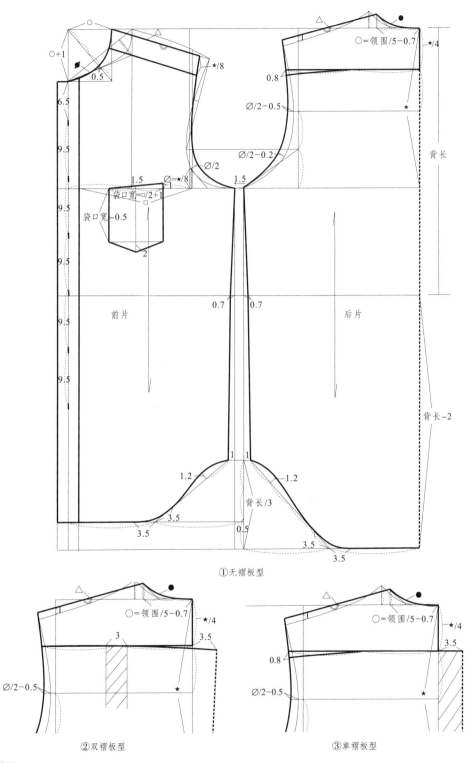

○+1

6.5

9.5

9.5

9.5

9.5

9.5

○

○=领围/5-0.7   ★/4

0.5

0.8

★/8

Ø/2-0.5

△

●

袋口宽=□/2+1

袋口宽-0.5

1.5

Ø=★/8

Ø/2

Ø/2-0.2

1.5

★

背长

前片

后片

2

0.7   0.7

1   1

1.2   1.2

背长/3

3.5

3.5   0.5

3.5

3.5

背长-2

①无褶板型

△

○

●

○=领围/5-0.7   ★/4

3

3.5

Ø/2-0.5

★

②双褶板型

△

●

○=领围/5-0.7   ★/4

0.8

3.5

Ø/2-0.5

★

③单褶板型

附图 2-11

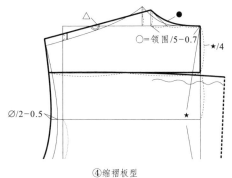

④缩褶板型

附图 2-11　普通衬衫背褶板型

8. 普通衬衫衣身四种松量的板型变化（附图 2-12）

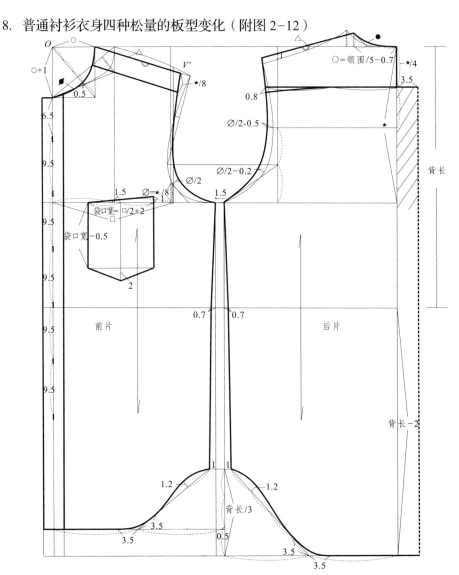

①宽松版衣身板型（松量约为 17cm）

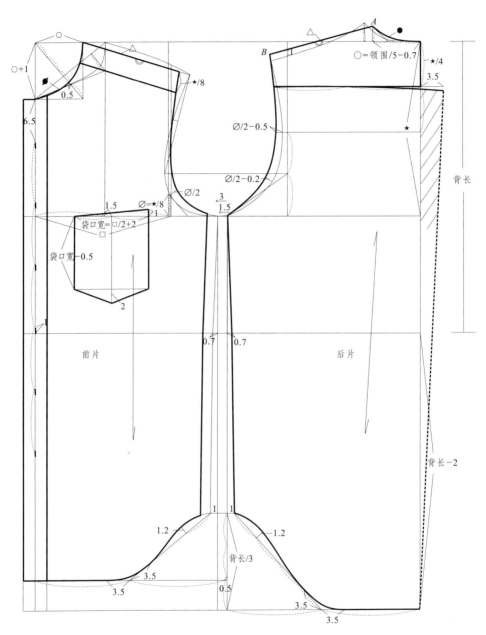

○+1

○

6.5

0.5

△

○=领围/5-0.7

★/8

B

A

●

★/4

3.5

背长

Ø/2-0.5

Ø/2-0.2

1.5

Ø=★/8

Ø/2

3
1.5

袋口宽=□/2+2

□

袋口宽-0.5

2

0.7　0.7

前片

后片

背长-2

1　1

1.2

1.2

背长/3

3.5

3.5

0.5

3.5

3.5

②标准版衣身板型（松量约为14cm）

附图 2-12

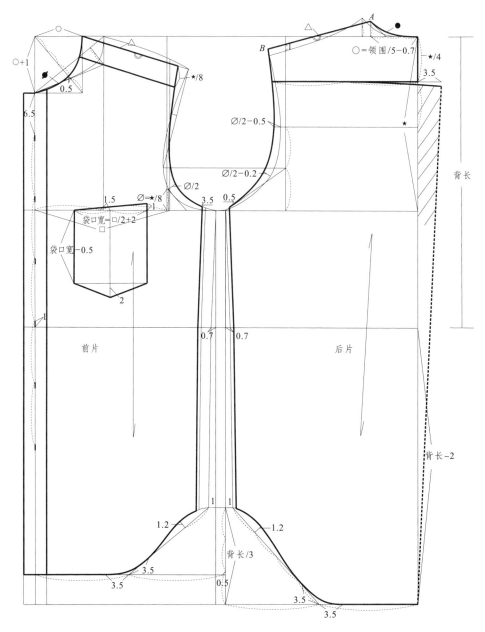

③合体版衣身板型（松量约为 12cm）

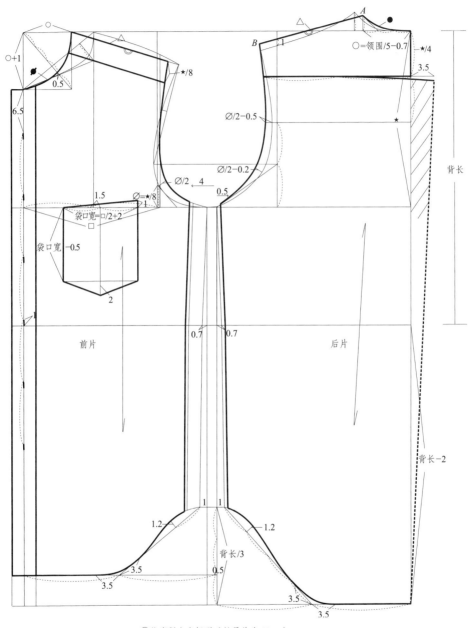

○+1

○

6.5

0.5

★/8

△

○

1.5

∅=★/8
★1

袋口宽=□/2+2
□

袋口宽 −0.5

前片

2

∅/2−0.5

∅/2−0.2

∅/2   4
0.5

0.5

0.7   0.7

B

A

●

△

○=领围/5−0.7   ★/4

3.5

★

后片

背长

背长−2

1   1
1.2   1.2
3.5
3.5   0.5
背长/3

3.5
3.5

④偏瘦版衣身板型（松量约为11cm）

附图2-12　普通衬衫不同衣身松量板型

9. 普通衬衫板型分解全图（附图 2-13）

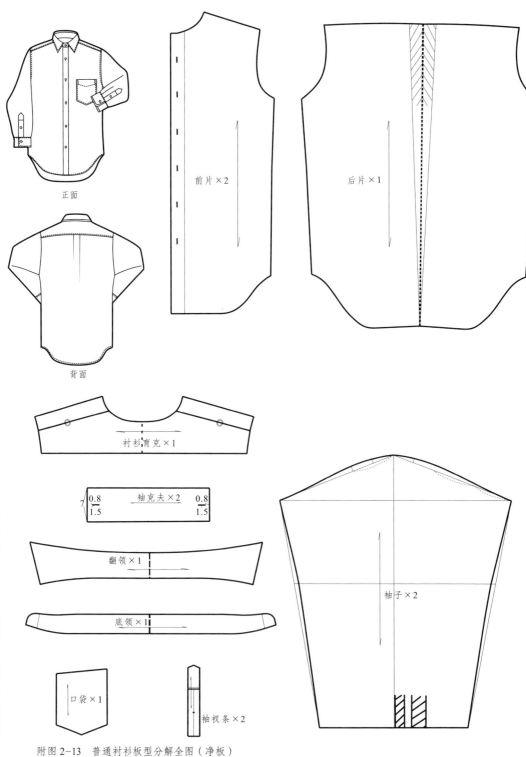

正面

背面

前片×2

后片×1

衬衫育克×1

袖克夫×2   0.8   0.8
           1.5   1.5

翻领×1

底领×1

袖子×2

口袋×1

袖衩条×2

附图 2-13　普通衬衫板型分解全图（净板）

二、礼服衬衫标准款式与板型

1. 燕尾服衬衫的标准款式与板型

燕尾服衬衫标准款式如附图 2-14 所示，燕尾服衬衫标准板型如附图 2-15 所示。

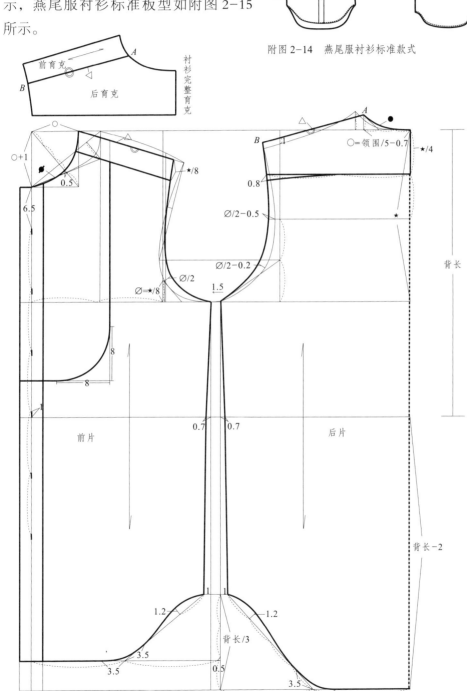

附图 2-14 燕尾服衬衫标准款式

附图 2-15 燕尾服衬衫标准板型

2. 塔士多衬衫的标准款式与板型

塔士多衬衫标准款式如附图 2-16 所示，塔士多衬衫标准板型如附图 2-17 所示。

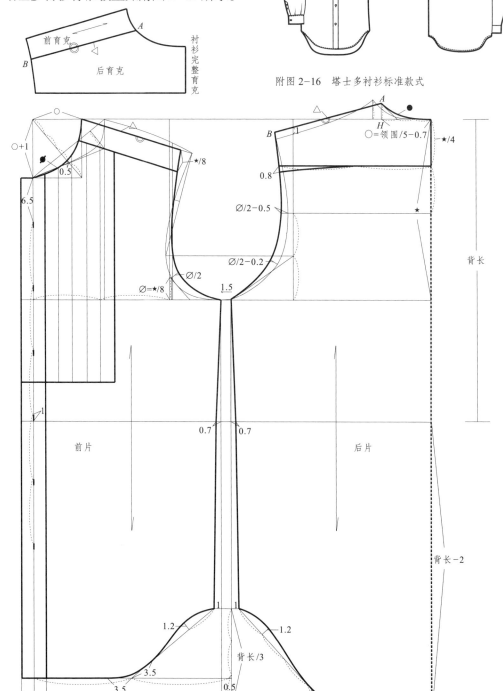

附图 2-16　塔士多衬衫标准款式

附图 2-17　塔士多衬衫标准板型

3. 日间礼服衬衫的标准款式与板型

　　日间礼服衬衫标准款式如附图 2-18 所示，日间礼服衬衫标准板型如附图 2-19 所示。

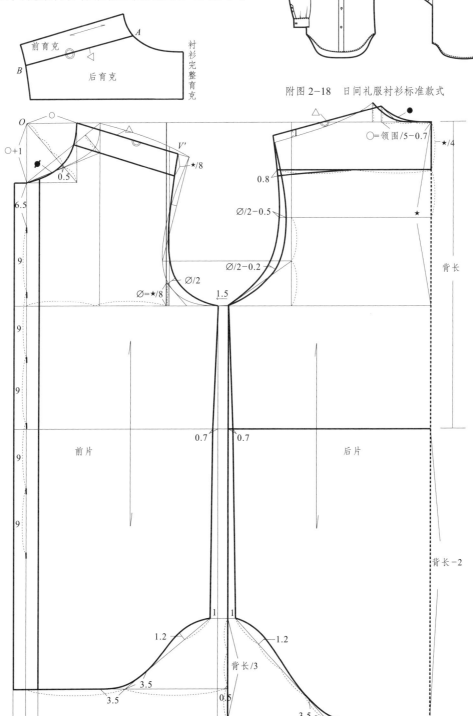

附图 2-18　日间礼服衬衫标准款式

附图 2-19　日间礼服衬衫标准板型

4. 礼服衬衫翼领型的款式变化及板型
（企领与普通衬衫领相同）

礼服衬衫领型的款式变化如附图2-20所示，礼服衬衫领型对应的板型变化如附图2-21所示。

①普通翼领　②圆角翼领

附图2-20　礼服衬衫领型款式

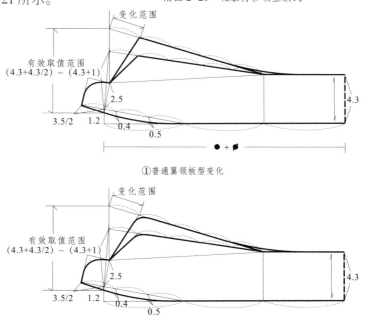

①普通翼领板型变化

②圆角翼领板型变化

附图2-21　礼服衬衫领型板型

5. 礼服衬衫袖克夫的款式变化及板型

礼服衬衫袖克夫的款式变化如附图2-22所示，礼服衬衫袖克夫对应的板型变化如附图2-23所示。

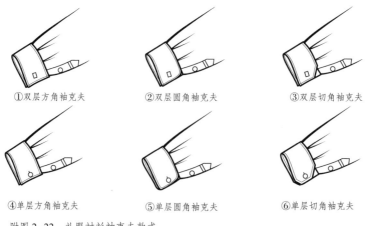

①双层方角袖克夫　②双层圆角袖克夫　③双层切角袖克夫

④单层方角袖克夫　⑤单层圆角袖克夫　⑥单层切角袖克夫

附图2-22　礼服衬衫袖克夫款式

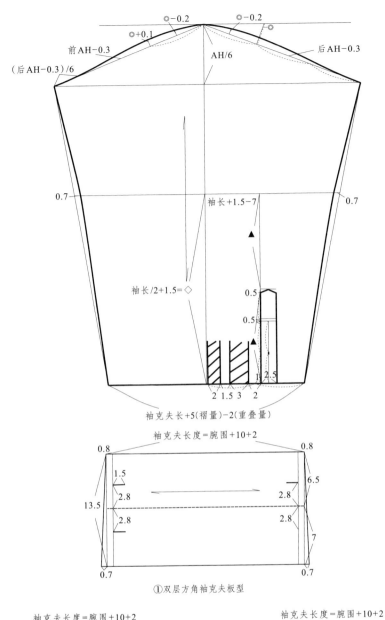

○-0.2   ○-0.2

○+0.1   ○

前AH-0.3   后AH-0.3

AH/6

(后AH-0.3)/6

0.7   0.7

袖长+1.5-7

▲

袖长/2+1.5=◇

0.5

0.5

▲   2.5

2   1.5   3   2

袖克夫长+5(褶量)-2(重叠量)

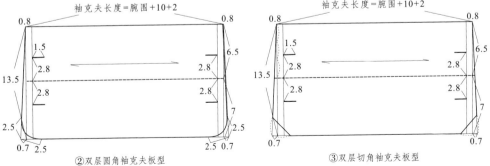

袖克夫长度=腕围+10+2

0.8   0.8

1.5   6.5

13.5   2.8   2.8

2.8   2.8   7

0.7   0.7

①双层方角袖克夫板型

袖克夫长度=腕围+10+2

0.8   0.8

1.5   6.5

13.5   2.8   2.8

2.8   2.8   7

2.5   2.5

0.7   2.5   2.5   0.7

②双层圆角袖克夫板型

袖克夫长度=腕围+10+2

0.8   0.8

1.5   6.5

13.5   2.8   2.8

2.8   2.8   7

0.7   0.7

③双层切角袖克夫板型

附图2-23

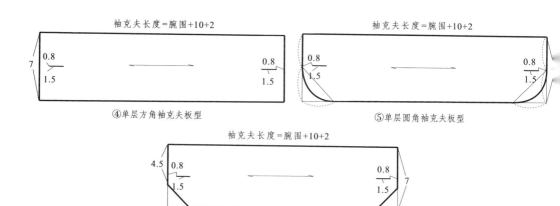

④单层方角袖克夫板型

⑤单层圆角袖克夫板型

⑥单层切角袖克夫板型

附图 2-23 礼服衬衫袖克夫板型

6. 礼服衬衫背褶的款式变化及板型

礼服衬衫背褶的款式变化如附图 2-24 所示，礼服衬衫背褶对应的板型变化如附图 2-25 所示。

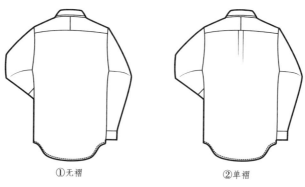

①无褶

②单褶

附图 2-24 礼服衬衫背褶款式

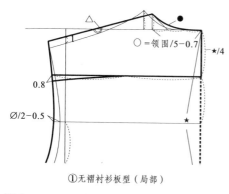

①无褶衬衫板型（局部）

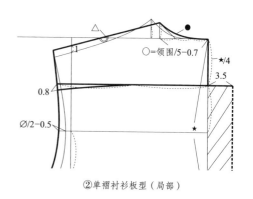

②单褶衬衫板型（局部）

附图 2-25 礼服衬衫背褶板型

7. 礼服衬衫衣身四种松量的板型变化（附图2-26）。

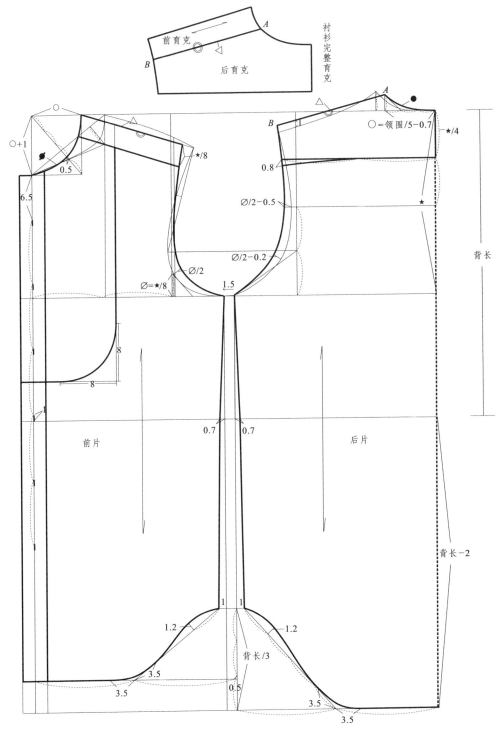

①宽松版燕尾服衬衫板型（松量约为17cm）

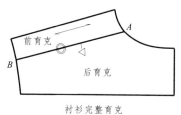

衬衫完整育克

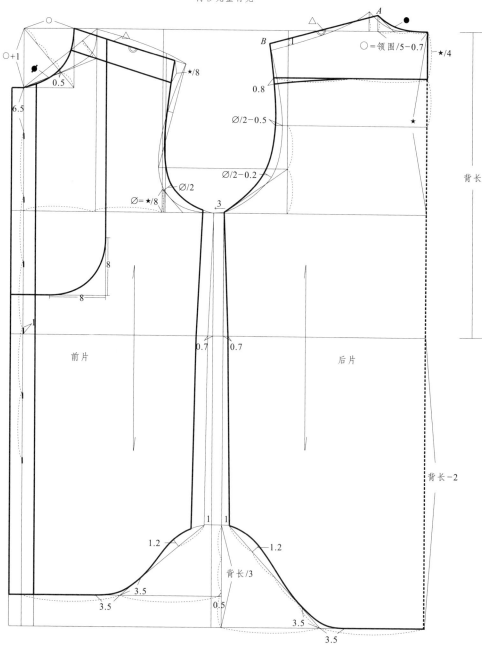

②标准版燕尾服板型（松量约为14cm）

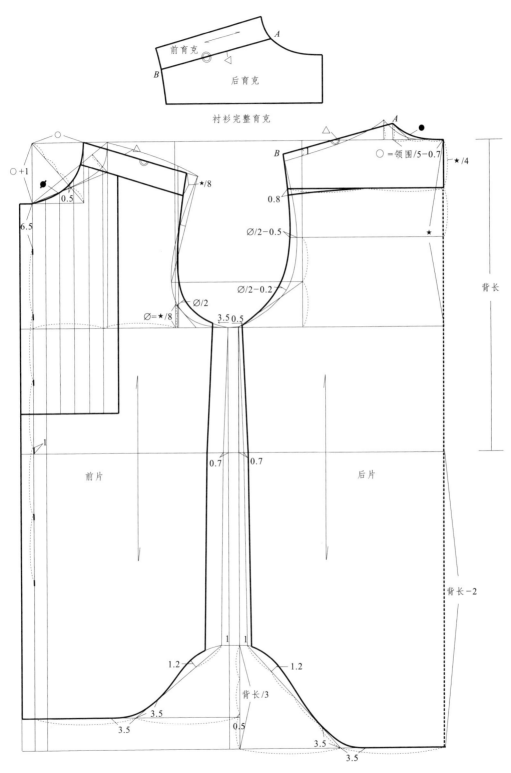

衬衫完整育克

前育克

后育克

○+1

6.5

0.5

★/8

○=领围/5−0.7   ★/4

0.8

∅/2−0.5

∅/2−0.2

背长

∅/2

∅=★/8   3.5 0.5

前片

0.7   0.7

后片

1

背长−2

1   1

1.2   1.2

背长/3

3.5

3.5   0.5

3.5

3.5

③合体版塔士多礼服板型（松量约为12cm）

附图 2−26

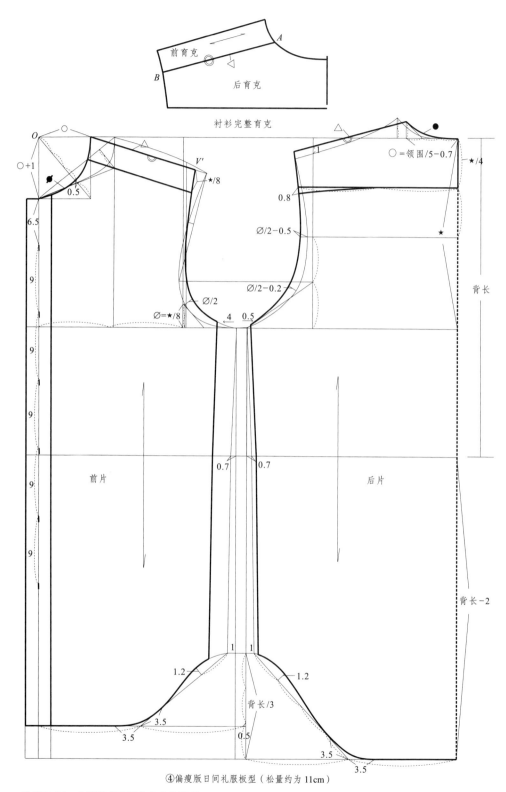

衬衫完整育克

④偏瘦版日间礼服板型（松量约为11cm）

附图2-26　衣服衬衫不同衣身松量板型

绅士衬衫下　衬衫定制纸样设计与自动制板系统

8. 塔士多礼服衬衫板型分解全图（附图 2-27）

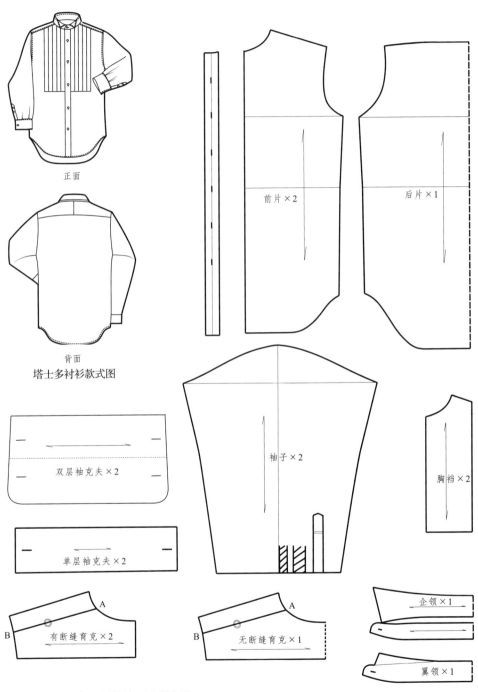

正面

背面

塔士多衬衫款式图

双层袖克夫 × 2

单层袖克夫 × 2

前片 × 2

后片 × 1

袖子 × 2

胸档 × 2

A

B 有断缝育克 × 2

A

B 无断缝育克 × 1

企领 × 1

翼领 × 1

附图 2-27　塔士多礼服衬衫板型分解全图

附录3　衬衫个性化定制纸样自动生成系统安装及操作手册

一、运行环境

系统运行环境的基本配置要求见附表 3-1。

附表 3-1　系统运行环境基本配置要求

运行环境配置		
硬件环境：		
硬件	标准配置	推荐配置
CPU	P4 1.7G	P4 2.1G
内存	512M RAM	1G RAM
硬盘	4G 空闲空间	40G 空间
操作系统：		
Windows XP/Vista/7/8/8.1 推荐使用 Windows 7 简体中文专业版		
需要支持软件环境：		
AutoCAD 2004 ~ AutoCAD 2010（推荐）		

二、软件安装

在安装系统之前请做好以下准备工作：

（1）按照上述配置要求配置好硬件环境。

（2）请检查是否已经安装 AutoCAD 2004 及以上版本（推荐 AutoCAD 2010）。

【说明】

本手册以下安装说明均在 Windows XP 简体中文专业版操作系统上完成，因用户操作系统（如 Win7 或 Win8）各异，如遇到操作步骤的细微差异，请用户自行判断处理。

（1）准备安装：安装系统时请按照上述要求对硬件和软件进行配置，然后重新启动计算机，使用管理员登录操作系统。接下来将衬衫个性化定制纸样自动生成系统光盘放入光驱，系统经过短暂的初始化会自动弹出安装导航窗口，用户也可以在 Windows 资源管理器中找到放入上述安装光盘的光驱符号，直接运行光盘根目录下的"setup.exe"程序同样可以打开此安装程序，点击此界面中的"是"将开始安装，点击"否"退出安装程序（附图 3-1）。

（2）开始安装：确定安装时，系统弹出附图 3-2 所示对话框，提示用户安装向导并引导正确安装。

（3）安装目录：在附图 3-2 界面中点击"下一步"后，出现选择安装目录界面，用户可以在这输入或选择它的目录，默认安装在"E:\PattenSystem"目录下，不推荐用户修改该软件安装目录名称（附图 3-3）。

附图 3-1　准备安装

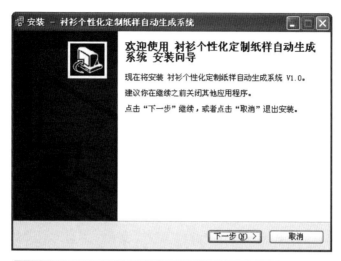

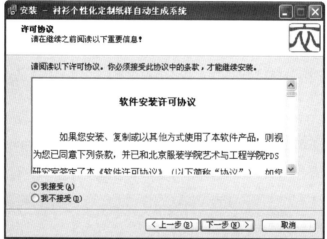

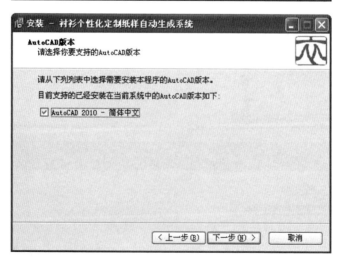

附图 3-2 程序安装界面

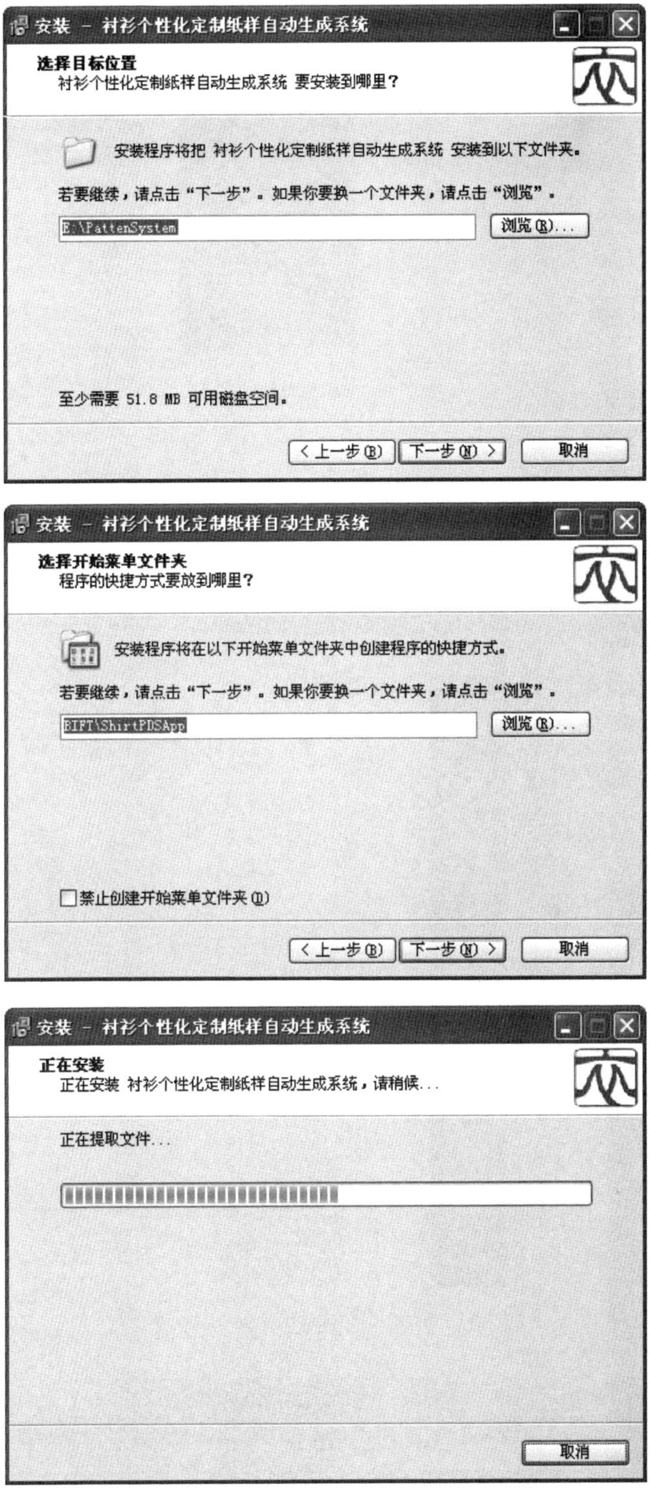
安装 - 衬衫个性化定制纸样自动生成系统
选择目标位置
衬衫个性化定制纸样自动生成系统 要安装到哪里？
安装程序将把 衬衫个性化定制纸样自动生成系统 安装到以下文件夹。
若要继续，请点击“下一步”。如果你要换一个文件夹，请点击“浏览”。
E:\PattenSystem
浏览(R)...
至少需要 51.8 MB 可用磁盘空间。
< 上一步(B)
下一步(N) >
取消
安装 - 衬衫个性化定制纸样自动生成系统
选择开始菜单文件夹
程序的快捷方式要放到哪里？
安装程序将在以下开始菜单文件夹中创建程序的快捷方式。
若要继续，请点击“下一步”。如果你要换一个文件夹，请点击“浏览”。
BIFT\ShirtPDSApp
浏览(R)...
禁止创建开始菜单文件夹(D)
< 上一步(B)
下一步(N) >
取消
安装 - 衬衫个性化定制纸样自动生成系统
正在安装
正在安装 衬衫个性化定制纸样自动生成系统，请稍候...
正在提取文件...
取消

附图 3-3 程序安装目录

（4）安装完成：点击"下一步"，系统将自动完成该系统安装，安装完成后，系统将创建菜单栏，用户可以点击 AutoCAD 图标即可开始运行本系统（附图 3-4）。

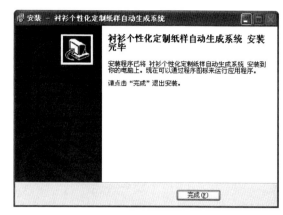

附图 3-4　程序安装完成界面

三、加载菜单

1. 自动加载菜单

程序安装完毕之后，第一次运行时系统会自动加载菜单，请在菜单栏里设置"显示菜单栏"，如附图 3-5 所示。

操作完毕之后，弹出附图 3-6 所示菜单栏。

附图 3-5　"自定义菜单"界面

附图 3-6　菜单栏界面

2. 手动加载菜单

如果遇到自动加载失败，请手动加载菜单。方法如下：

（1）在 AutoCAD 底部命令栏键入命令"Menu"。

（2）在文件路径"E:\PattenSystem\Menu"加载"myMen.MNU"。

（3）加载成功后，弹出附图 3-7 所示菜单。

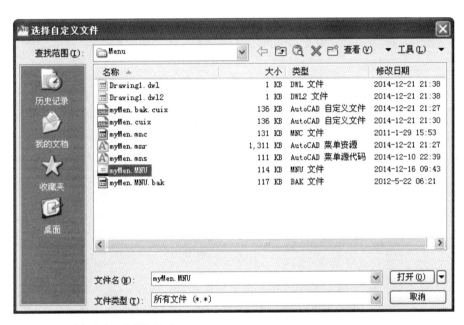

附图 3-7 "选择自定义文件"界面

四、系统维护

在使用 AutoCAD 时，常会遇到一些问题，令用户感到无从下手，因而影响工作效率。下面列举一些这类问题，并给出解决方法。

问题 1：在某些情况下启动时，AutoCAD 提示"BASE.DCL 文件未找到"？

原因：AutoCAD 未能按正确的配置启动，导致支持文件搜索路径丢失，从而找不到 BASE.DCL 文件。

解决方法：关闭 AutoCAD，通过"开始"菜单或桌面的快捷图标来启动 AutoCAD，而尽量不要通过鼠标双击 DWG 图形文件的方式来开启 AutoCAD。

问题 2：打印出来的图效果非常差，线条有灰度的差异，为什么？

解答：这种情况大多与打印机或绘图仪的配置、驱动程序以及操作系统有关。通常从以下几点考虑：

· 配置打印机或绘图仪时，误差抖动开关是否关闭；

· 配置打印机或绘图仪时，灰度开关是否关闭；

· 如果打印黑白图，建议颜色全部用黑色；

· 打印机或绘图仪的驱动程序是否正确，是否需要升级；

· 对不同型号的打印机或绘图仪，AutoCAD 都提供了相应的命令，可以进一步详细配置，例如对支持 HPGL/2 语言的绘图仪系列可使用 "HPCONFIG" 命令；

· 在 AutoCAD Plot 对话框中，设置笔号与颜色、线型以及笔宽的对应关系，如为不同的颜色指定相同的笔号（最好同为 1），但这一笔号所对应的线型和笔宽可以不同，某些喷墨打印机只能支持 1 ～ 16 的笔号，如果笔号太大则无法打印；

· 操作系统如果是 Windows NT，可能需要更新 NT 补丁包（Service Pack）。

问题 3：如何改变屏幕背景色？

解答：选择菜单"工具"/"选项"命令，在弹出的"选项"对话框中单击"显示"选项卡，单击"色彩"按钮，修改屏幕显示色彩的设定。

问题 4：能否实现成批打印？

解决方法一：将图形首先输出成 PLT 文件，然后在 DOS 下用批处理文件将指定目录下的 PLT 文件成批打印。

解决方法二：AutoCAD 有专门的外部函数，能够把多个图形文件根据不同的打印配置文件，输出到一台或多台打印机或绘图仪中，从而达到成批出图的目的。

以上两种解决方法十分灵活，出错机会少，效率也就更高。在 AutoCAD 程序组中选择 Batch Plot Utility 即可。

五、联系我们

如果您在使用过程中有好的建议或问题反馈，欢迎联系我们：

网站：http://www.zdcad.com

QQ：512322892

E-mail：hcp1121@qq.com

后 记

我们通常会认为"纸样设计专家知识"是一种纯技术的技能科学研究与实践，"自动制板系统"更是一种服装裁剪数字技术的应用开发。这或许就是我国服装高技术一直以来没有突破和发展的关键，到现在改革开放40多年来还没有一个原创的国际品牌，这种"重技术轻人文，重创新轻规则"缺乏国家意志的顶层设计理念，还会使这种无国际品牌文化的"服装制造型"局面持续下去。一个看似纯技术的成果，一定有一个强大、稳定和成熟的人文与规则作支撑，一个高端品牌或奢侈品牌，它的价值基础与其说是技术不如说是文化。问题是我们把文化概念化了，最值得警惕的是"民粹化"，而对它的国际规则（THE DRESS CODE）一无所知，这其中最核心的就是"国际现代社交伦理"。作家莫言着燕尾服参加诺贝尔奖颁奖仪式，与其说是放弃民族服装，不如说是选择遵守"国际现代社交规则"明智之举（人民网调查"莫言穿民族服装"占95%以上）。那么，燕尾服的衬衫是什么？就目前国内的专业品牌，从形制、材料、工艺、技术到定制流程机制都不具有权威资质，最重要的是我们没有解读它坚守了几个世纪的绅士文化密码，就是拷贝也让我们难免出错。

"衬衫个性定制"绝不是萝卜白菜各有所爱的我行我素，因为它不是定制一件衣服，而是定制一种有品位的生活方式。如果没有这样一种理念作指引和规范的话，"纸样设计专家知识"和"自动制板系统"就失掉了灵魂，它的技术再高再先进又有什么意义？就如同一个"伟大"的书法家写了一个错别字一样。事实上就服装品牌而言，我们最不缺少的就是技术和创新，因为世界上几乎所有的品牌都是在中国制造出来的，我们最缺少的是不知道将这些技术放在合适的位置，不知道创新的规则是什么。因为创新是"玩转"规则而不是"无知者无畏"，所以说在我们的"品牌"中就出现了带扣企领用在礼服衬衫上、牧师衬衫当作休闲衬衫开发、正式礼服衬衫不分昼夜等这些低级错误（这些在国际品牌中，即使是成衣品牌也不会犯的错误）。这正是本书着力将衬衫 TPO 知识系统（衬衫国际社交规则 THE DRESS CODE）导入"衬衫纸样设计专家知识和自动制板系统"的原因所在，更重要的是要将它作为贯穿整个系统和指导技术操作与方法的指南。这正是本书最大的亮点，它会为在我国奢侈品牌、定制品牌和成衣品牌的建构中，提供一个成功经验的范本和值得系统与可持续性研发的模式。

2016.5.20